2030
미래기술 10

2030 미래기술 10

2판 1쇄 발행 2023년 6월 1일

지은이 | 원호섭
펴낸곳 | 도서출판 나무야
펴낸이 | 송주호
종이 | 신승지류유통㈜
인쇄·제본 | 상지사 P&B
등록 | 제 307-2012-29호(2012년 3월 21일)
주소 | (03424) 서울시 은평구 서오릉로27길 3, 4층
전화 | 02-2038-0021
팩스 | 02-6969-5425
전자우편_ namuyaa_sjh@naver.com

ⓒ원호섭

ISBN 979-11-88717-31-6 43500

2030 미래기술 10

원호섭 지음

세상을 바꾸는 10대 신기술과 미래산업의 최전선 이야기들

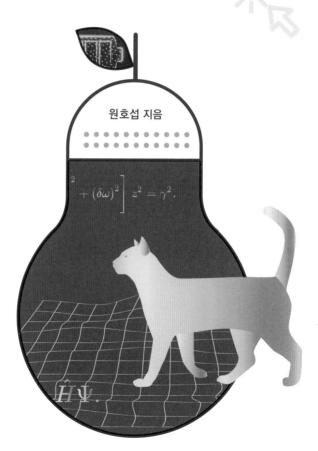

$$+ (\delta\omega)^2 \Big]^2 \; z^2 = \gamma^2.$$

$$\hat{H}\Psi.$$

나무야
Namuyaa Publisher

앞으로 10년, 세상을 바꾸는 10가지 미래 혁신기술

"중학교 3학년."

언론사에 입사해 과학기사를 쓰면서 가장 많이 들었던 말이다. 기사를 쓰면 선배들이 글을 수정하는 '데스킹' 과정을 거친다. 데스킹을 쉽게 통과한 적이 거의 없었다. "중학교 3학년이 이 기사를 읽으면 이해할 수 있겠니?" 어렵다는 얘기다. DNA는 그렇다 쳐도 'RNA'라는 단어를 써야 하는 상황이 오면 난감했다. RNA를 어떻게 쉽게 설명할 수 있을까. '4차 산업혁명'이라는 단어는 하루가 멀다하고 신문과 방송을 장식하고 있는데 정작 과학기술을 다룬 기사는 어렵다는 이유로 찬밥 신세였다.

해답을 찾기 위해 중학교 과학 교과서를 구매했다. 신세계였다. 교과서는 어려웠지만 전 세계 과학 기자들이 열심히 쓰고 있는, 모든 기사의 기본이 가득 담긴 보물상자와 같았다. 중3 과학 교과서를 절반만 이해해도 과학기사는 아이들 장난 수준에 불과했다. 물론 선배들에게 이 말을 할 수는 없었다. 몇 해 전, 회사에 한 무리의 중학생이 견학을 왔다. 교과서에 상당히 많은 내용이 담겨있음을 알리고 싶어 한 학생에게 물었다. "유전자가위 들어본 적 있지? 그 내용 교과서에 나오는데 알고 있니?" 답은 간단했다. "대학 가면 배우는 거 아니에요?"

과학기술에 대한 중요성은 아무리 강조해도 지나치지 않은 시대가 됐다. 애플, 구글, 메타, 삼성전자 등 세상을 좌지우지하는 기업들은 하나같이 과학기술이 기반이다. 기술자본의 시대라는 말처럼 양자컴퓨터, 전고체전지, 유전자가위 등 언론에 자주 등장하는 신기술을 개발하기 위해 많은 기업들이 천문학적인 돈을 투자하고 있다. 어렵다는 이유로, 내 삶에 큰 영향을 미치지 않을 것으로 여겼던 과학기술은 어느덧 우리 주변을 가득 메운 채 세상의 모습을 바꿔나가고 있다. 이 글을 쓰고 있는 기자는 이미 40을 넘어 쌓여있는 대출금에 미래를 바꾸기 쉽지 않겠지만 학생들의 상황은 다르다. 신기술에 대한 이해는 5년, 혹은 10년 뒤 자신의 미래를 설계하는 데 더할 나위 없이 큰 도움이 된다.

교과서에 나오는 DNA는 합성생물학 등 세상을 뒤흔들고 있는 생명공학 기술의 근간이다. 슈퍼컴퓨터를 능가하는 양자컴퓨터는 중학교 1학년 첫 과학 시간에 배운 '뉴턴의 사과나무'와 관련이 있다. 핵융합 발전 역시 뜬금없이 튀어나온 이론이 아니다. 중학교 과학 시간에 배운 원자와 '온도와 열' 단원의 내용만 이해하면 왜 핵융합이 세상을 바꾸는지, 그럼에도 불구하고 왜 구현이 어려운지 엿볼 수 있다. 기후를 바꾸는 지구공학을 비롯해 우주로 향해 가는 발사체 역시 마찬가지다. 중·고교 과학 수업을 들었다면 언론에서 말하는 신기술을 이해하기 위한 준비는 마무리된 셈이다.

미래를 바꿀 과학기술을 '다른 세상 이야기'로 치부할지 모를 학생들을 위해 부족하나마 이 책을 썼다. 10대 기술은 세계경제포럼(WEF), 한국과학기술기획평가원(KITEP)을 비롯하여 사이언스, 네이처 등 국내외 유명 저널이 선정한 기술 중 중복되는 항목을 중심으로 분류했다. 그리고 각 기술을 중·고교 과학 교과서 단원과 연계했다. 이공계 학부만을 졸업한 기자의 시각에서 바라본 만큼 대단히 전문적인 책이라 볼 수는 없지만, 학생들이 미래를 설계하는 데 미약하나마 도움이 되길 바라는 마음에 기사와 교과서의 연결고리를 자처했다. 기사는 어렵고, 교과서는 딱딱하다고 느끼는 학생들이 이 책으로 인해 과학기술에 대한 작은 호기심이라도 갖게 된다면 더할 나위 없이 기쁠 것 같다.

이 책이 나오는 데 힘써 주신 출판사 관계자분들께 감사드린다. 변함없는 믿음으로 내 곁을 지켜주는 아내와 대출금의 무게를 줄여주는 하연, 하율이, 그리고 부모님께도 이 지면을 빌어 감사의 말을 전하고 싶다.

4. 누구나 구할 수 있는 설계도 : 우주로 가는 첫 관문, 로켓 발사체

5. 지구를 지키는 확실한 방법 : 이산화탄소 포집

6. 게임 체인저, 전고체전지를 잡아라! : 제 2의 반도체, 이차전지

7. 생물을 설계하는 과학 : 합성생물학, 유전자가위

8. 백신, 인류를 구하다 : 사백신부터 mRNA까지

9. AI에 노벨상을 : 단백질 구조 예측 인공지능

10. 지구의 기후를 바꿔라! : 지구공학, 그 거대한 실험

QUANTUM

TECHNOLOGIES

양자시대가 온다

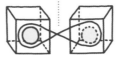

양자컴퓨터와 양자통신

- **중학교 과학1** - 여러 가지 힘(중력과 탄성력)
- **고등학교 물리Ⅰ** - 힘과 에너지(운동의 법칙)
- **고등학교 화학Ⅰ** - 원자의 세계(원자의 구조)

양자컴퓨터와 비트코인이 만나면?

지난 2019년 11월 말, 1000만 원을 넘어서며 불붙고 있던 암호화폐 비트코인 가격이 900만 원대로 떨어졌다. 구글 때문이었다. 세계 최고의 IT 기업으로 불리는 구글이 양자컴퓨터를 개발하고 있다는 소식이 언론을 통해 공개되자 비트코인을 갖고 있던 사람들의 마음이 흔들렸다. 비트코인이 가치가 있는 것은 누구도 깰 수 없는, 누구도 들여다볼 수 없는 '안전한' 화폐이기 때문인데 양자컴퓨터가 이를

무력화시킬 수 있다는 말에 사람들은 갖고 있던 비트코인을 낮은 가격에 팔기 시작했다.

양자컴퓨터와 비트코인이 만나면 누가 이길까? 질문을 이렇게 바꿔보면 좀 더 흥미로울 것 같다. "세계에서 가장 강한 창(양자컴퓨터)이 있다. 어떤 방패든 뚫을 수 있다. 그리고 세계에서 가장 강한 방패(비트코인)가 있다. 어떤 창도 막을 수 있다. 두 창과 방패가 맞닥뜨리면 정말 누가 이길까?"

최신 과학 소식을 전하는 언론에서 잊을 만하면 등장하는 기술이 있다. 아주 새로워 보이면서도 속된 말로 '있어 보이는' 기술, 바로 양자기술이다. 양자가 들어간 기술은 양자컴퓨터만 있는 게 아니다. 양자통신, 양자암호 등 다양하다. 양자라고 하니 '원자'라는 단어가 먼저 떠오른다. 잘은 모르겠지만 일단 지금 있는 기술보다 한 단계 진보한 것은 확실하다. 10년 전만 해도 양자기술은 먼 미래의 일로만 여겨졌는데 상황이 달라졌다. 양자컴퓨터가 실제로 개발됐고, 중국은 이미 양자통신을 위한 인공위성까지 쏘아 올렸다. 그뿐 아니라 중국은 베이징에서 상하이까지 약 2000km를 잇는 양자암호 통신망을 설치했다. 우리의 미래를 획기적으로 바꾼다는 양자기술, 과연 무엇일까?

슈뢰딩거의 고양이

양자기술을 이야기하기 위해서는 가장 먼저 양자역학에 대해 이해해야 한다. 그 전에 솔직히 고백한다. 이 글을 쓰고 있는 기자 역시 양자역학에 대한 이해는 부족하다. 대학 학부 시절 처음 양자역학을 접하고 "이 어려운 과목을 절대로 재수강할 수 없다"는 의지로 머리 끈 동여매고 공부했던 것이 전부다. 수박 겉핥기 느낌으로, 어디 가서 아는 척할 수 있는 수준 정도로만 설명해 보려고 한다. 물론, 놀랍게도 우리는 양자역학을 고등학교 때 아주 조금 맛을 봤다.

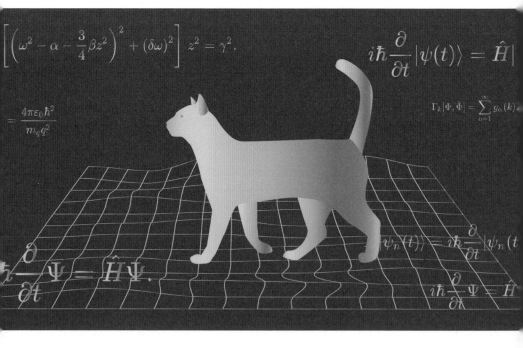

"고양이 한 마리가 상자 안에 들어있다. 상자 내부는 밖에서 볼 수 없다. 상자 안에는 청산가리가 든 유리병과 방사성 물질 라듐도 함께 있다. 라듐 핵이 붕괴되면 방사능이 검출되고, 방사능 탐지기가 이를 확인한다. 방사능이 탐지되면 청산가리가 든 유리병이 깨진다. 청산가리에 노출된 고양이는 죽고 만다. 라듐이 붕괴될 확률은 1시간 뒤 50%. 1시간이 지났을 때 고양이는 죽었을까, 살았을까."

뜬금없는 질문 같지만, 이 몇 문장이 양자역학을 가장 잘 설명해 주는 사고실험이다. 이 질문의 답은 뭘까? 확인하기 전까지 고양이는 죽어있는 것도, 살아있는 것도 아니다. 더 정확한 답은, 고양이의 생사 여부를 확인하기 전까지 고양이의 상태는 살아있으면서도 동시에 죽어있다. 말장난 같은 이 질문은 노벨 물리학상을 수상한 오스트리아의 저명한 물리학자, 에르빈 슈뢰딩거가 남긴 사고실험이다. 1935년, 슈뢰딩거는 양자역학이라는 학문의 불완전

에르빈 슈뢰딩거(Erwin Schrodinger, 1887~1961). 양자역학의 체계를 세우는 데 공헌한 과학자. '슈뢰딩거의 고양이'라는 유명한 사고실험을 남겼다.

성을 비꼬기 위해 이 사고실험을 제안했는데 이후 양자역학을 가장 멋지게 설명하는 실험으로 남아버렸다. 양자역학의 세계에서는, 죽음과 삶이 양분되어 있는 것이 아니라 하나로 연결되어 있다. 상자를 여는 순간, 죽는지 또는 사는지 둘 중 하나로 결정된다. '중첩'의 개념이다.

양자역학의 사전적 의미는 '양자'를 다루는 학문이다. 양자(量子, quantum)란 어떤 물리량이 연속된 값을 취하지 않고 비연속값을 취할 때 그 단위량을 나타내는 용어다. 시작부터 어렵다. 그냥 이렇게 이해하면 된다. '양자역학은 원자, 분자 등 우리 눈에 보이지 않는 아주 작은 물질의 운동을 설명할 때 사용하는 방정식'이다.

고전역학과 양자역학

중학교 1학년 '중력과 탄성력' 단원에서 우리는 그 유명한 '뉴턴의 사과'를 접한다. 뉴턴은 "지구가 물체를 잡아당기는 힘 때문에 모든 물체는 지구 중심으로 떨어진다"고 했다. 이 단원에서는 탄성력과 마찰력, 부력 등 다양한 힘의 종류에 대해서도 배운다. 고등학교 물리1 교과서에서는 조금 더 나아가 여러 가지 물체의 운동과 뉴턴의 제 1·2법칙, 작용과 반작용의 법칙, 운동량 보존의 법칙 등을 다룬다. 복잡해 보이지만 여기서 배운 것을 요약해 보면 두 개의 식으로 정리할 수 있다. '거리 = 시간 × 속력', 그리고 뉴턴이 고안한 가장 유명한 공식 F(힘) = m(질량) × a(가속도)다.

이 식을 이용해 우리는 $v = v_0 + at$, $2as = v^2 - v_0^2$이라는 식을 유도해 내고(v = 속도, v_0 = 초기속도, s = 거리, a = 가속도) 이를 적용한 다양한 문제를 풀 수 있다. 가령 "현재 속도가 초속 10m인 자동차가 2m/s²의 가속도로 이동할 때 10초 뒤의 속도를 구하라"던가, "그때 이 자동차가 이동한 거리는?"과 같은 문제들이다.

중학교를 거쳐 고등학교 물리 '힘과 운동' 단원에서 배운 것들은 명확하다. 물체의 속도를 알고 가속도를 안다면 일정 시간이 지난 뒤 물체의 이동 거리를 알 수 있다. 비단 눈앞에 보이는 물체에만 이 식이 들어맞는 것은 아니다. 지구뿐 아니라 우주에 있는 모든 행성의 운동에도 적용된다. 뉴턴이 사과나무 아래에 앉아 있다가 대단한 생각을 한 셈인데, 결국 이로 인해 인류는 '세상을 이해했다'고 느꼈다. 실제로 19세기 말, 프랑스의 물리학자 피에르 라

아이작 뉴턴(Isaac Newton, 1642~1727). 고전역학을 창시하며 물체의 운동과 힘에 대해 설명했다. 양자역학의 등장과 함께 뉴턴역학은 '고전역학'이라는 이름을 갖게 된다.

플라스는 "물리학을 통해 우리는 세상의 모든 것을 알아낼 수 있다"고 했다. 미국 특허청장이던 찰스 듀얼도 같은 시기 "발명될 수 있는 모든 것이 발명됐다"고 말했을 정도다. 인간의 자만은 극에 달했다. 이를 송두리째 뒤집은 것이 바로 양자역학이다.

1900년 가을, 독일의 물리학자였던 막스 플랑크가 "빛 에너지는 덩어리로 되어 있다"며 '양자'를 처음 이야기했다. 이후 많은 과학자들이 실험을 통해 우리 눈에 보이지 않는 원자, 분자는 뉴턴의 운동방정식을 따르지 않음을 확인했다. 원자와 분자는 갑자기 순간이동을 하기도 했고, 입자이면서도 파동의 성질을 갖고 있었다. 모든 것은 불확실했다.

고등학교 화학1 교과서에 양자역학의 가장 기본적인 내용이 실려있다. '원자 모형의 변천'을 설명하는 단원을 보면 1808년 돌턴이 "원자는 더 이상 쪼갤 수 없는 공과 같다"는 말을 남겼으며 이후 1897년 톰슨이 (-)전하를 띤 전자를 발견한다. 러더퍼드는 원자의 중심에 (+)전하를 띤 핵이 있음을 확인했으며 1913년 보어가 나타나 "전자는 일정한 에너지를 가진 궤도를 돌고 있다"고 언급한다. 마침내 '양자'가 나타난 순간이다. 슈뢰딩거는 "원자에서 전자의 위치를 정확히 알 수 없다"며 불확실성에 대해 이야기한다. 교과서에도 명확히 양자역학을 의미하는 문장이 등장한다.

"현대 원자 모형에서는 전자의 위치와 속도를 동시에, 정확히 알 수 없으므로 특정 위치에서 전자가 존재할 확률로 나타내는데……"

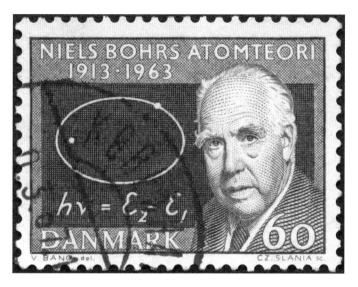

닐스 보어(Niels Bohr 1885~1962)
덴마크의 물리학자로, 원자구조와 핵분열이론을 규명하고,
양자역학 성립에 기여했다.

우리는 고등학교 때 생각보다 많은 것을 배운다. 고등학교 물리학1
교과서에서는 빛의 이중성에 대해 이렇게 설명한다. 역시 양자역학
에 등장하는 대표적인 내용이다.

"빛이 방출되거나 흡수될 때는 입자의 성질을 나타내고, 회절하거
나 간섭할 때는 파동의 성질을 나타낸다. 두 개념 모두 오류가 없으
며 상호 보완되어야 빛의 성질을 설명할 수 있다."

이처럼 양자역학이 등장하면서 뉴턴의 운동 방정식은 '고전'이라는 이름이 붙어 '고전역학'이 됐다.

큐비트와 중첩 현상

양자역학이 눈에 보이지 않는 입자의 움직임을 설명하는 학문인 만큼 그 중심에는 중첩, 불확실성 등 이해할 수 없는 현상들이 있다.

양자컴퓨터는 이 다양한 특성 가운데 중첩을 이용한다. 슈뢰딩거의 고양이가 살아있는 것도 아니고 죽은 것도 아닌, 삶과 죽음을 동시에 갖고 있었듯이 양자컴퓨터는 이 중첩을 활용해 기존 컴퓨터보다 훨씬 빠른 계산력을 자랑한다.

우리가 사용하는 디지털 컴퓨터는 '0'과 '1'이라는 두 숫자를 이용해 계산한다. 이를 '비트'라고 부른다. 디지털 컴퓨터는 모든 정보를 0과 1의 무수한 나열로 표현한다. 양자컴퓨터는 다르다. 0과 1뿐 아니라 그 애매모호한 '중첩'을 연산 단위로 이용한다. 이를 '큐비트'라고 부른다. 큐비트가 늘어날수록 양자컴퓨터의 연산 속도 또한 빨라진다. 쉽게 얘기해서, 큐비트 2개는 0과 1 외에 중첩 상태도 존재한다. 동시에 두 가지로 존재하는 만큼 어느 하나로 결정됐을 때보다 조합 가능한 경우의 수가 기하급수적으로 늘어난다. 예를 들어 n개의 큐비트로 이뤄진 양자컴퓨터에서 중첩 현상이 정확히 구현되면 2의

IBM이 공개한 양자컴퓨터
기존 컴퓨터의 연산 단위가 '비트'라면 양자컴퓨터는
중첩 현상을 활용한 '큐비트'를 활용한다. 이론적으로 슈퍼컴퓨터보다
연산 능력이 빠르지만 구현이 쉽지 않다. ⓒIBM

n제곱에 해당하는 연산이 이뤄질 수 있다. 10큐비트라면 2의 10제곱 (1024)인 만큼 1000개를 한 번에 연산하는 식이다. 50큐비트라면 2의 50제곱, 1000조에 이르면서 연산 능력이 슈퍼컴퓨터를 뛰어넘게 된다. 양자컴퓨터가 슈퍼컴퓨터를 뛰어넘는 상황을 '양자우월성'이라 부르는데 일반적으로 50큐비트가 제대로 구현되어야 양자우월성에 이르렀다고 본다.

2019년 구글이 53큐비트의 양자컴퓨터를 개발했다며 양자우월성에 도달했다고 발표한 바 있다. IBM, 인텔을 비롯한 경쟁 기업들은 이를 평가절하했는데 학계의 의견도 대체로 비슷했다. 큐비트가 갖고 있는 정보는 쉽게 깨질 수 있다. 디지털 컴퓨터는 10비트 중 오류 정정시 1비트만 쓰면 되지만 양자컴퓨터는 1큐비트 정보 처리를 위해 수백 큐비트를 사용한다. 50큐비트의 양자컴퓨터가 우리가 원하는 성능을 내기 위해서는 큐비트 숫자가 50 이상이어야 한다는 얘기다. 현재 구글을 비롯해 여러 기업들이 내놓은 양자컴퓨터는 실제 큐비트를 연산으로 이용하고 있지만 특정한 분야에서만 활용할 수 있을 뿐 아직 슈퍼컴퓨터를 능가하는 성능은 나오지 않았다. IBM도 50 큐비트 양자컴퓨터를 개발했으나 여전히 시스템 오류가 발견됐다고 발표한 바 있다. 연산 도중 큐비트가 외부 환경의 소음 등에 의해 깨지면서 오류가 발생했다는 것이다. 지난 2021년 5월, 중국이 63큐비트의 양자컴퓨터를 개발했다고 발표하기도 했지만 과학기술계에서는 인간이 양자컴퓨터를 마치 슈퍼컴퓨터처럼 활용할 수 있는 시기는 앞으로 약 10여 년 뒤로 보고 있다.

현재 IBM은 자사가 개발한 양자컴퓨터를 누구나 접속할 수 있도록 공개했다. 아마존의 클라우드 서비스에도 양자컴퓨터가 들어있다고 한다. 하지만 앞서 이야기했듯이 큐비트가 수십 개인 양자컴퓨터의 연산 능력은 기대 이하다. 물론 10년 전과 비교하면 눈부시게 발전하긴 했지만 당장 양자컴퓨터가 우리 삶을 획기적으로 바꿀 가능

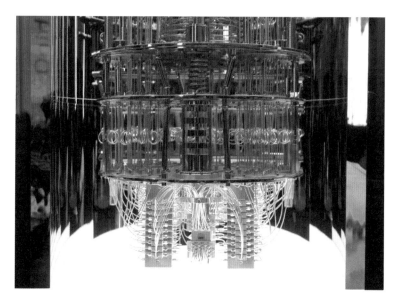
2020년 세계 IT·가전 전람회(CES)에서 공개된 IBM 양자컴퓨터

성은 낮다. 구글도 상용화된 양자컴퓨터를 2029년까지 내놓겠다는 계획을 발표했는데, 과학기술계는 이 역시 '야심찬 계획'이라고 이야기 한다.

양자컴퓨터가 구현된 시기가 오면 우리의 미래는 어떻게 바뀔까?

일단 양자컴퓨터가 구현된다면 연산 속도는 어마어마한 수준이 될 전망이다. 예를 들어 기존 컴퓨터로는 오래 걸릴 수밖에 없는 작업을 순식간에 해치울 수 있다. 대표적으로 'RSA 공개키 암호' 방식의 무력화를 꼽을 수 있다. 컴퓨터의 암호체계인 이 방식은 서로 다른 소수의 곱으로 이루어진 값을 분해하는 방식으로 작동한다. 10은 소수 2와 소수 5의 곱으로 만들어진다. 10을 알려준 뒤 2와 5를 찾으면 암호가 무력화되는 것이다. 작은 숫자는 암산으로도 가능하지만 300자리가 넘어가는 숫자를 분해하는 것은 전혀 그렇지 않다. 쉽게 이야기해서 A(소수)×B(소수)=C(300자리 이상)라는 식에서 C를 알려주고 A와 B를 구하는 계산을 양자컴퓨터로도 하면 슈퍼컴퓨터로 1년 이상 걸리던 작업을 이론적으로 단 몇 분 만에 끝낼 수 있다.

세계 최고의 창을 막는 세계 최고의 방패는?

이제 앞서 했던 질문에 대한 답을 해야 할 차례다. 깰 수 없다고 알려진 비트코인(블록체인)과 암호를 무력화한다는 양자컴퓨터. 창이 이길까, 방패가 이길까?

블록체인은 일반적으로 인터넷 통신 암호화 기술을 기반으로 작동한다. 비트코인을 거래할 때 송신자, 즉 코인을 주는 사람이 거래 내역을 수신자가 지정한 방식으로 암호화해 전송하면 수신자가 이를 해독해 정보를 처리한다. 이 같은 송수신 과정이 네트워크 속에서 무수히 반복되며 보안시스템은 더욱 견고해진다. 다만 인터넷 통신 암호화 기술이 갖고 있는 한계는 존재한다.

인터넷 통신 암호화 기술은 중학교 수학 시간에 배웠던 함수와 비슷하다. $y = f(x)$. x라는 값을 f라는 함수에 넣으면 y라는 값이

나온다. 우리는 x와 함수 f를 알면 y를 구할 수 있고, 반대로 y와 f를 알면 처음 넣은 x값도 알아낼 수 있다. 인터넷 통신 암호는 y값을 알았을 때 x를 손쉽게 계산할 수 없도록 설계되어 있다. 앞부분에 잠시 언급한 RSA공개키 암호가 대표적이다. 두 개의 소수를 주고 곱하기는 쉽게 할 수 있지만, 거꾸로 답을 찾기는 어렵다. 7과 23이라는 소수를 주고 곱하라고 하면 161이라는 답을 쉽게 계산할 수 있지만, 161을 준 뒤 '이 숫자를 구성하고 있는 소수를 찾아라'고 할 때 오

블록체인은 관리 대상 데이터를 '블록'이라고 하는 소규모 데이터들이
체인 형태의 분산 데이터 환경에 저장되어 어느 것도 임의로 수정될 수 없고
누구나 변경의 결과를 열람할 수 있는 데이터 위변조 방지 기술이다.

랜 시간이 걸리는 것과 같다.

비트코인을 완벽하다고 볼 수 없는 이유는 여기에 있다. 만약 비트코인을 거래할 때 네트워크에서 유통되기 전, 해커가 양자컴퓨터를 이용해 y값으로부터 x값을 찾아냈다면 정보 위조가 가능하다. 비트코인이 갖고 있는 장점이 한순간에 무너지는 셈이다.

여기까지 들으면 비트코인 가격이 떨어지는 것은 어쩌면 당연해 보인다. 하지만 방패도 만만치 않다. '창' 또한 아직은 완벽하지 않다.

학계에서는 양자컴퓨터가 인터넷 통신 암호화 기술을 무력화시키기 위해서는 1000큐비트 양자컴퓨터가 개발되어야 한다고 보고 있다. 큐비트는 불안정한 만큼 1000큐비트가 작동하려면 약 100만 큐비트 정도를 만들어내야 한다. 현재 50큐비트를 만들어내는 것이 첨단 기술로 분류되고 있으니 RSA 암호를 무력화시키는 양자컴퓨터가 내일 당장 개발돼 누군가 보유하고 있을 가능성은 극히 낮다.

만약 1000큐비트를 보유한 양자컴퓨터가 개발된다 하더라도 방패는 더 단단해질 수 있다. 역시 양자기술을 이용해서다.

양자컴퓨터와 함께 미래를 바꿀 기술로 자주 언급되는 분야가 바로 양자통신이다. 양자통신은 '얽힘' 현상을 이용한다. 얽힘이란 두 개의 입자가 갖고 있는 '상관성'을 뜻한다. 한 마디로 서로 사랑하는 사람의 마음이 통하듯 두 개의 입자가 마치 하나처럼 얽혀있다는 얘기다. 예를 들어 '파이온'이라는 소립자를 두 개로 쪼개면 전자와 양전자로 나뉜다. 이때 전자와 양전자는 얽힘 상태가 되면서 한쪽 전자

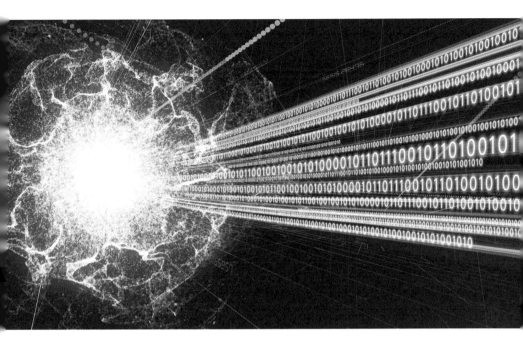

의 스핀(각운동량)이 위를 향하면 양전자의 스핀은 아래로 향하게 된다. 전자 두 개가 마치 하나처럼 움직인다는 얘기다. 아인슈타인은 이 현상에 대해 "귀신같은 현상"이라고 표현하기도 했다.

2017년 7월, 중국이 세계 최초로 양자통신 위성인 '묵자'를 쏘아 올려 1200km 떨어진 지상 관측소에서 양자 정보를 이동시키는 데 성공했다는 논문을 학술지 사이언스에 발표했다. 양자통신은 보안 분야에서도 지구상에서 가장 안전한 정보 전달 수단이 될 수 있다. 양자통신이 사용하는 빛 알갱이인 '광자'는 건드리면 터지는 비눗방울처럼 누군가 엿보려는 순간 그 특성이 바뀐다(슈뢰딩거 고양이 실험을 생각하면 된다). 만약 통신 중간에 도청 시도가 있으면 광자 자체가 손상되어 버린다. 양자통신의 가장 큰 장점이 여기에 있다. 양자통신이 상용화된다면 완벽에 가까운 통신이 된다. 미국과 중국 등이 금융, 군사 분야에서 양자통신을 적용하려고 시도하는 이유이기도 하다.

양자컴퓨터 기술이 발전해 인터넷 통신 기반의 암호화 기술을 무력화시킬 때가 오면 양자암호를 이용한 통신 또한 그만큼 성숙할 가능성이 크다. 앞서 던진 질문의 답은 이제 확실해졌다. 양자컴퓨터가 개발된다 하더라도 비트코인의 암호화 능력은 유지될 가능성이 상당히 높다. 2019년, 비트코인 가격은 잠시 900달러 밑으로 떨어졌다가 2021년 10월 현재 5만 달러를 넘어섰다. 그때, 비트코인을 샀어야 했나?

세상을 바꿀 양자기술

2021년 9월, 구글은 자사가 개발하고 있는 양자컴퓨터 내부를 공개했다. 샹들리에를 닮은 '초저온 유지장치'에 줄이 매달려 있고 이 끝에서 큐비트가 만들어진다. 큐비트를 만들기 위한 초저온이 필요한데 이 샹들리에를 닮은 장치가 영하 273.14도를 유지케 해준다. 이날 구글은 큐비트의 불안정성을 개선하는 데 필요한 시간을 10년으로 봤다. 큐비트 수를 무한정 늘릴 수 없겠지만 수천 큐비트 구현에

왼쪽은 구글의 양자컴퓨터. 오른쪽은 구글 양자컴퓨터칩 '시카모어.' ⓒgoogle

성공하면 50큐비트의 성능을 내는 양자컴퓨터를 만들어낼 수 있다. 이 정도만 되어도 현존하는 슈퍼컴퓨터보다 뛰어난 계산이 가능해질 것으로 보고 있다. 현실화된다면 지구에서 블랙홀을 시뮬레이션하는 것도 가능하다고 한다.

조금 더 현실적인 사례로 '날씨'를 꼽을 수 있다. 현재 기상청은 슈퍼컴퓨터를 이용하여 과거 데이터를 계산해 날씨 예보를 하고 있다. 날씨에 영향을 미치는 요인인 기온, 바람의 세기, 기압, 구름의 양, 습도 등의 상관관계를 시뮬레이션한 뒤 이를 토대로 내일 날씨를 알려준다. 지금보다 더 많은 변수를 넣어 계산할 수 있으면 날씨 예측은 더욱 정확해진다. 만약 기후 계산에 특화된 양자컴퓨터가 등장한다면 기상청에 대한 국민들의 신뢰는 지금보다 높아질 수 있다.

신약 개발 속도도 빨라진다. 현재 신약 개발은 특정한 질병을 치료할 수 있는 화합물을 찾은 뒤 동물 시험을 거치고 세 차례(1~3상)의 임상을 통해 치료 효과를 확인한다. 화합물을 찾는 데만 수년의 시간이 걸리는데, 양자컴퓨터를 이용하면 후보 물질을 고르는 시간을 획기적으로 단축시킬 수 있다.

완성차 업체들이 개발하고 있는 자율주행기술도 양자컴퓨터 시대가 도래하면 완성형이 된다. 자율주행차가 안전하게 다니려면 카메라나 센서로 얻은 정보를 시시각각 처리해야 하는데, 기존 컴퓨터로는 한계가 있다. 복잡한 계산을 요구했을 때 컴퓨터가 '버벅'거리는 것처럼, 자율주행차의 컴퓨터가 이 같은 상황에 놓인다면 운전자의 생명이 위협받을지 모른다. 양자컴퓨터가 상용화된다면, 자동차가 확보한 데이터를 빠른 속도로 처리, 지금보다 완벽한 의미의 자율주행차 구현도 가능하다.

"구글, 2029년까지 상업용 양자컴퓨터 내놓는다."
"양자컴퓨터 성능, 2년 뒤 슈퍼컴퓨터 뛰어넘는다."
"슈퍼컴퓨터보다 1000배 빠른 양자컴퓨터."
"양자통신으로 옮겨붙은 미(美)·중(中) 테크 전쟁."

양자컴퓨터와 양자통신 등을 설명하는 최근의 기사 제목은 하나

같이 클릭을 안 하고는 못 버틸 정도로 매력적이다. 어렵다고 느낄 수 있지만 중·고등학교 교과서에서 우린 이미 양자기술에 대한 기본 지식을 습득한 상태다. 다만 이를 꺼내지 못했을 뿐.

2021년 10월 1일, 김정상 듀크대 교수가 창업한 양자컴퓨터 기업 '아이온큐'가 미국 뉴욕증권거래소에 상장됐다. 데뷔 첫날 아이온큐의 기업 가치는 우리 돈으로 약 4100억 원으로 평가됐다. 아이온큐의 상장이 갖고 있는 의미는 크게 세 가지다.

첫째, 양자컴퓨터가 더 이상 공상과학(SF) 속 기술이 아니라는 것. 둘째, 돈을 주무르는 사람들이 양자기술에 과감한 투자를 할 준비가 되어있다는 것. 마지막으로 양자기술을 공부하면 먹고 살 수 있는 길이 열렸다는 점.

삼성, 현대를 비롯한 국내 대기업은 물론 아마존 구글 등 글로벌 기업들이 양자기술에 앞다퉈 투자를 한 것이 채 10년이 되지 않았다. 물꼬가 트인 양자기술, 어렵지만 그만큼 큰 보상이 따라올 게 확실한 분야다. 컴퓨터 언어를 잘 다루는 개발자가 몸값이 높은 시대라지만, 앞으로는 슈뢰딩거의 고양이를 잘 다루는 집사가 IT 세계를 지배할 날이 올지 모른다.

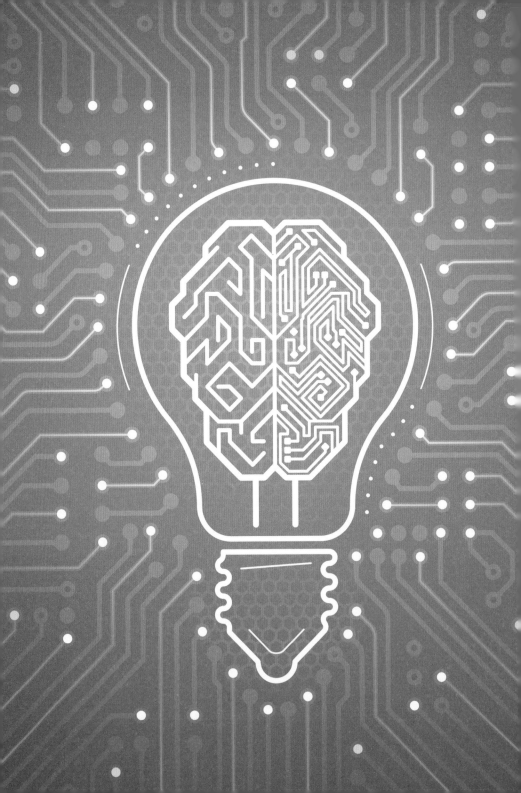

2

'쩐'의 전쟁이
시작되었다

반도체의 뇌, 시스템반도체

- **고등학교 통합과학** - 신소재 개발과 활용
- **고등학교 물리 I** - 물질의 구조와 전기적 성질(전기전도성)

"오르막이 있으면 내리막이 있다."

흔히 쓰는 이 격언을 가장 손쉽게 적용할 수 있는 산업이 있다. 바로 한국이 전 세계에서 제일 잘 만든다는 반도체 분야다. 이름하여 반도체 슈퍼사이클(Super Cycle). 누구나 한 번쯤 들었을 법한 반도체 슈퍼사이클은 반도체 가격의 가격 상승과 하락이 주기적으로 발생함을 의미한다.

첫 번째 슈퍼사이클은 1986년부터 1990년대 중반까지 이뤄졌다. 286, 386으로 불리던 PC가 대중에게 보급되기 시작하면서 반도체 품귀현상이 벌어졌다. 참고로 1990년대 초반 486PC 가격은 100만 원대 중반이었다. 486PC의 하드디스크 용량은 250MB에 불과했지만 말이다.

이후 반도체 수요가 줄다가 2000년대 초반, 디지털카메라의 확산과 함께 확대됐다. 디지털카메라의 인기가 시들해지고 난 2010년 이후에는 스마트폰이 반도체 호황을 이끌었고, 다시 주춤하던 반도체 시장은 2016년 '4차 산업혁명'이라 불리는 기술 혁신과 함께 클라우드 서버 수요가 폭발하면서 늘어나게 된다.

이는 국내 1위 기업 삼성전자의 영업이익으로 쉽게 확인할 수 있다. 2020년 삼성전자의 매출은 237조 원, 영업이익은 36조 원에 달했다. 2009년만 하더라도 삼성전자는 1년에 10조 원을 버는 회사였지만 스마트폰의 등장과 함께 반도체 판매가 늘어나면서 1년에

삼성전자가 생산하는 반도체

삼성전자는 시스템반도체에 130조 원을 투자한다고 발표했다. ⓒ삼성전자

20~30조 원을 벌어들였다. 2014년 이후 20조 원 중반에서 주춤하던 영업이익은 2017년 54조, 2018년 59조 원을 기록하며 반도체 슈퍼사이클에 올라탔다. 반도체 업계는 이 슈퍼사이클을 토대로 생산라인을 증설하는 투자에 돌입하거나 반도체 가격을 다운시켜 다른 경쟁사를 시장에서 도태되게 만드는 치킨게임을 벌이기도 했다.

그런데 최근 이 같은 슈퍼사이클에 올라타지 않아도 '꾸준히' 호황을 유지할 수 있다는 반도체가 세계의 관심을 받고 있다. 인공지능(AI)을 비롯해 5G, 사물인터넷 등에 쓰이는 시스템반도체가 바로 그 주인공이다.

슈퍼사이클에 영향을 받는 반도체는 메모리 반도체다. 우리가 일반적으로 이야기하는 반도체가 정보를 저장하고 지우는 그 메모리 반도체를 의미한다면, 시스템반도체는 비메모리 반도체, 즉 정보 저장에서 한 발 나아가 연산하고 제어하는, 말 그대로 인간의 '뇌'와 같은 역할을 하는 반도체를 의미한다. 최근 삼성전자가 시스템반도체에 130조 원을 투자한다고 발표했을 정도로 미래 반도체 시장의 핵심으로 주목받고 있다.

도체도 아니고 부도체도 아닌

반도체에 대한 구체적인 언급은 고등학교 통합과학 '신소재의 개발과 활용' 단원에서 찾을 수 있다. 인류의 역사는 석기, 청동기, 철기로 크게 나뉜다. 석기를 썼던 인류는 청동기를 쓴 인류에게, 청동기를 쓴 인류는 철기를 쓴 인류에게 주도권을 내주고 역사의 뒤안길로 사라졌다. 새로운 물질을 얼마나 잘 활용하느냐에 따라 지배하기도, 지배를 당하기도 하는 게 바로 인간이다. 1940년대 후반 트랜지스터(반도체 소자)가 개발되고 난 뒤 현재를 '실리콘의 시대(반도체의 재료)'라고 부르기도 하는 만큼 반도체는 오늘날 인류를 지배하고 있다고 해도 과언이 아니다.

반도체는 전기가 흐르는 '도체'와 전기가 흐르지 않는 '부도체'의 중간 정도 물질을 의미한다. 우리가 원하는 바에 따라 전기를 흐르게 하거나 흐르지 않게 할 수 있다. 사람들은 오랫동안 자연에는 오직 도체와 부도체만 존재하는 줄 알았다. 실리콘이나 게르마늄 같은 반도체 물질을 이용한 트랜지스터가 발명되기 전까지는 전류의 흐름을 조절하기 위해 진공관을 사용했다. 이러한 반도체를 이용해 만든 장치를 '반도체 소자'라고 부르며 흔히 우리가 이야기하는 메모리 반도체, 비메모리 반도체가 모두 포함된다. 전기를 다루는 소자인 만큼 우리가 사용하는 거의 모든 전자기기에 적용된다고 볼 수 있다. 노트북을 비롯해 스마트폰, 자동차 등 쓰이지 않는 곳을 찾기가 어려울 정도다. 반도체를 '산업의 쌀'이라 부르는 이유다.

반도체의 원리에 대해서는 고등학교 물리1에서 상세히 다루고 있

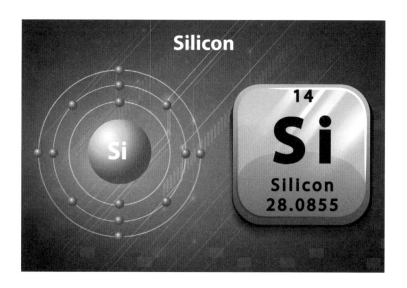

다. 반도체의 핵심 소자는 규소(Si)다. 규소 원자는 전자 14개를 갖고 있는데, 최외각에 전자 4개를 갖고 있다('원자가 전자(原子價 電子, valence electron)'라고 부른다). 순수하게 규소로만 이루어진 반도체는 1개의 규소 원자가 4개의 규소 원자와 결합돼 있는데 전자를 서로 공유하여 결합한다. 전자들이 모두 결합해 참여하고 있는 만큼 움직이는 전자가 없다. 순수한 반도체는 전기가 통하지 않는다. 여기에 불순물을 넣어주면 전기를 흐르게 할 수 있는데 이를 '도핑'이라 한다. 도핑하는 물질의 종류에 따라 p형 반도체와 n형 반도체로 나뉜다.

p형 반도체는 규소에 '원자가 전자'가 3개인 붕소(B)나 알루미늄(Al)을 첨가해 만든다. 최외각 전자가 3개인 붕소가 규소 사이에 껴 있으면 전자 1개가 부족한 상태가 된다. 이처럼 전자가 있어야 할 자리가 비어있는 공간을 '양공'이라고 한다. 여기에 전압을 걸어주면 전자가 양공으로 이동하고, 전자가 이동한 자리는 다시 양공이 된다. 양공을 전자가 채워나가는 형식으로 이동하면서 전류가 흐른다.

n형 반도체는 p형 반도체와 달리 '원자가 전자'가 5개인 인(P)이나 안티모니(Sb)를 첨가해 만든다. 최외각 전자 4개는 규소의 최외각 전자 4개와 결합하고 한 개의 전자가 남는다. 여기에 전압을 걸어주면 전자가 이동하면서('자유전자'라고 부른다) 전류가 흐른다.

p형 반도체와 n형 반도체를 접한 소자를 '다이오드'라고 한다. 다이오드는 회로의 전류를 한 방향으로 흐르게 하는 기능을 갖고 있는 소자다. 예를 들어 가정이나 학교에 공급되는 전원은 '교류'다. 우리

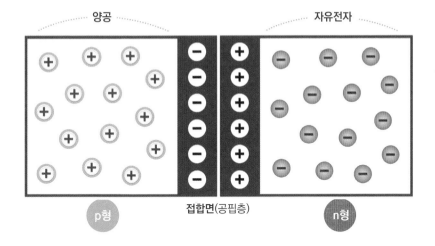

양공　　　　　　　　　　　　자유전자

p형　　　　접합면(공핍층)　　　　n형

p형 반도체와 n형 반도체를 접합시킨 p-n접합 다이오드
p-n접합 다이오드에 순방향 전류를 걸어주면(p형에 +, n형에 -) 전류는 p형 반도체에서
n형 반도체로 흐른다(전자는 n형에서 p형으로 이동). 한 방향으로 전류가 흐르는
정류 작용을 가지고 있는 만큼 교류를 직류로 바꾸는
정류기나 스위치 등에 사용된다.

가 쓰는 전자제품은 직류를 전원으로 활용하는 만큼 충전기 어댑터
에 일반적으로 다이오드가 사용된다. n형 반도체와 p형 반도체를 복
합적으로 결합한 대표적 소자로는 트랜지스터를 꼽을 수 있다. 트랜
지스터와 다이오드 등을 하나의 기판 위에 분리될 수 없는 형태로 만
든 전자소자를 '집적회로(IC)'라고 부른다. 이 집적회로가 스마트폰,
노트북 속에서 우리가 지시하는 명령어를 자신들의 언어로 바꿔 계
산하고 저장한다.

전자기기의 핵심, 시스템반도체

집적회로와 같은 반도체 칩은 역할에 따라 메모리 반도체와 비메모리 반도체로 나뉜다. 메모리 반도체는 데이터를 저장하고 기억하는 장치로 전원을 껐을 때 데이터가 그대로 남아있는지 혹은 사라지는지에 따라 D램(S램), 플래시메모리 등으로 나뉜다. 삼성전자가 제일 잘 만드는 분야다.

시스템반도체는 비메모리 반도체다. 데이터를 저장하는 역할이 아닌, 데이터를 처리하는 기능을 갖고 있다. 컴퓨터의 CPU나 스마트폰의 애플리케이션 프로세서(AP), 그래픽카드에 들어가는 GPU, 카메라에 들어가는 이미지 센서가 대표적이다.

쉽게 이야기하면 메모리 반도체는 데이터를 저장하고, 시스템반도체는 연산 작업을 수행하면서 전자기기를 작동시킨다. 메모리 반도체는 정보를 저장하는 기능을 가진 만큼 소품종 대량생산을 한다. 반면 시스템반도체는 전자기기 특성에 맞는 기능을 가져야 하는 만큼 다품종 소량생산을 한다.

스마트폰을 예로 들면, 전화번호나 메시지 저장은 메모리 반도체가 맡는다. 반면 광고에서처럼 "시리야, 엄마한테 전화해 줘"라고 말을 할 때 이 음성을 듣고 처리한 뒤 '엄마'라고 저장되어 있는 번호를 찾아서 전화를 걸어주는 기능은 시스템반도체의 몫이다.

삼성전자, SK하이닉스 등 국내 기업이 메모리 반도체 분야에서 세

제 4차 산업혁명에 필요한 기술을 뒷받침해 줄 핵심은 반도체에 있기 때문에
많은 나라에서 반도체 산업을 전략적으로 육성하고 있다.ⓒ프리픽

계를 장악하고 있긴 하지만, 시스템반도체 시장은 메모리 반도체 시장의 두 배에 달한다. 시스템반도체 분야에서는 퀄컴, 엔비디아, 미디어텍, AMD와 같은 미국, 대만 기업들이 시장을 장악하고 있다.

생존을 위한 투자

메모리 반도체와 시스템반도체를 만들어 파는 시장 구조는 상당한 차이가 있다. 메모리 반도체의 경우 한 기업이 설계, 생산, 조립, 검사 등을 모두 할 수 있다. 시스템반도체와 비교했을 때 설계가 어렵지 않다 보니 규모의 경제를 이용, 다른 기업과 경쟁해야 한다. 메모리반도체 분야에서 툭하면 치킨게임이 일어나는 이유다.

대규모 자본을 투자한 기업이 값을 후려쳐 경쟁사를 도태시키고 남은 시장을 장악한다. 2000년대, 대만 반도체 회사들이 시작한 치킨게임으로 7달러에 팔리던 D램 반도체 가격이 50센트로 떨어졌다. 당시 세계 2위 D램 생산업체 독일 키몬다는 2009년 파산했다. 2010년 다시 한번 치킨게임이 벌어졌고 일본의 엘피다가 미국 마이크론에 인수됐다. 치킨게임을 버텨낸 삼성전자와 SK하이닉스는 안도했지만 언제 또다시 이 같은 싸움이 벌어질지 알 수 없다.

시스템반도체는 메모리 반도체와 다르다. 인간의 뇌 역할을 하는 만큼 '설계'가 핵심이다. 제품을 만들지 못한다 하더라도 설계만 잘

하면 시장 장악이 가능하다. 그러다 보니 시스템반도체 시장은 설계
전문기업인 '팹리스(Fabless, 생산시설을 의미하는 Fab이 없다는 뜻)'가 있
고, 여기서 설계를 마치면 생산전문 기업인 '파운드리'가 반도체를
만든다. 퀄컴, 엔비디아가 대표적인 팹리스 기업이고 대만의 TSMC
를 비롯해 삼성전자가 파운드리를 수행한다.

현재 TSMC가 파운드리 시장의 약 절반 이상을 점유하고 있고 삼
성전자는 20%가 채 되지 않는다. TSMC는 애플, 인텔, 엔비디아,
AMD 등 글로벌 시스템반도체를 쥐락펴락하는 팹리스 기업들의 설
계도를 받아 제품을 만들고 있다. 삼성전자는 이 부분에서 TSMC에

뒤질 수밖에 없다. 스마트폰을 비롯해 통신장비는 물론 AP도 직접 만들고 있는 만큼 삼성전자와 경쟁하고 있는 애플이 삼성전자에 파운드리를 맡길 리 없기 때문이다.

삼성전자와 SK하이닉스가 아무리 난다 긴다 하지만 반도체 시장의 중심은 시스템반도체로 흘러가고 있다. 시스템반도체는 4차 산업혁명의 기반으로 불린다. 4차 산업혁명 시대의 도래에 따라 사물인터넷, 자율주행차, 웨어러블디바이스, 사물인터넷, 인공지능(AI) 등의 기술이 떠오르면서 새로운 서비스 구현을 위한 시스템반도체 수요가 확대되고 있다. 시스템반도체 기업들이 지금까지 별다른 사이클 없이 호황을 누리고 있는 이유이기도 하다. 설계라는 게 자본만 충분하다고 뛰어들 수 있는 분야가 아니다 보니 기술장벽이 상당히 높다. 메모리 반도체로 힘겹게 치킨게임을 벌이고 있을 때도 시스템반도체 기업들의 수익성은 계속해서 높아질 것이 불을 보듯 뻔하다. 삼성전자가 향후 10년간 133조 원을 투입, 시스템반도체 시장 점유율을 끌어올리겠다고 발표한 이유다.

반도체 집적도 전쟁

'반도체' 하면 한 번쯤 들었을 법한 법칙이 있다. 바로 '무어의 법칙.' 인텔의 설립자인 고든 무어가 1965년 내놓은 그 법칙은 "반도체 집적회로의 성능이 24개월마다 2배씩 증가한다"는 내용을 담고 있다. 반도체 공정에서 사용하는 용어인 '집적도'란 말 그대로 같은 공간에 얼마나 많은 '칩'을 넣을 수 있는지를 뜻한다. 반도체의 집적도는 1개의 반도체 칩 안에 들어가는 트랜지스터 등 소자의 수를 뜻하는데, 24개월마다 두 배씩 증가한다는 의미는 성능이 두 배씩 좋아진다는 의미와도 같다. 실리콘 웨이퍼 안에 A라는 기업은 반도체를 100개 넣고, B라는 기업은 200개를 넣을 수 있다면 성능은 단연 B사가 앞선다. 소자들이 빽빽이 모여 있는 만큼 전기신호의 전달 속도가

인텔의 공동 창립자 고든 무어
그는 1965년 반도체 집적회로 성능이 24개월마다
2배로 증가한다고 이야기했고, 이는 '무어의 법칙'으로 통용됐다.

빠르고 소모되는 전력은 줄기 때문이다. 따라서 전 세계 반도체 기업들은 이 집적도를 남들보다 빠르게 높이기 위한 치열한 경쟁을 이어왔다.

1971년 인텔이 내놓은 '4004'라는 이름의 CPU에는 트랜지스터 2300개가 들어갔다. 이 공정은 10㎛(10마이크로미터, 1㎛는 100만분의 1m) 공정으로 설계됐다(전자가 이동하는 통로의 길이가 10㎛라고 생각하면 된다). 1974년도에 인텔은 4500개의 트랜지스터를 심은 '8080' CPU를 출시했다. 공정은 6㎛. 이처럼 인텔은 24개월마다 집적도를 두 배씩 높여가며 시장을 지배했는데 난데없이 삼성전자가 나타나 이를 파괴해버렸다. 황창규 전 삼성전자 반도체 총괄 사장은 2002년 국제반도체회로학술회의에서 "반도체 메모리 집적도는 1년에 2배씩 증가한다"는 "황의 법칙"을 내놨다. 실제로 삼성은 그 뒤 2002년도부터 2007년도까지 매년 반도체 신제품을 발표하며 집적도를 빠르게 높였다. 하지만 한계가 있었다. ㎛였던 반도체 공정 크기는 어느새 '나노미터(nm, 1nm는 10억분의 1m)' 수준으로 줄어들었다. 삼성전자는 20nm 생산에 돌입한 뒤 황의 법칙을 더이상 지키지 못했다. 업계에서 "한계에 다다랐다"는 말이 나왔을 정도였다.

물론 삼성전자와 TSMC와 같은 기업들은 2021년 10월 현재 3nm급 반도체 양산을 목전에 두고 있다. IBM은 2nm 반도체 개발에 성공했다고 발표했으며 TSMC는 이에 뒤질세라 자신들은 1nm급 반도체도 개발했다고 밝히기도 했다.

반도체 집적도 향상이 어려울 수밖에 없는 이유는 반도체 회로를 가늘게 만들 수 있는 도구를 찾을 수 없기 때문이다. 일반적으로 반도체 회로 제작은 실리콘 기판 위에 회로 모양을 낼 수 있는 '감광제'를 덮은 뒤 빛을 쪼아 파내는 방식으로 이루어진다. 빛의 파장이 짧을수록 더 가느다란 회로를 만들 수 있는데, 과거에는 이 한계를 10nm로 봤다. 하지만 2017년 네덜란드 반도체 장비 기업인 ASML이 '극자외선(EUV)'을 이용한 장비를 출시하며 수 nm급 반도체 개발에 성공했다. 현재 삼성전자를 비롯해 nm급 반도체를 만드는 기업들은 기술을 독점하고 있는 ASML로부터 장비를 사 와야만 한다.

반도체 집적도를 높이기 위해 삼성전자를 비롯한 글로벌 반도체 기업들은 웨이퍼 위에 반도체를 쌓는 적층기술을 활용하고 있다. ⓒ삼성전자

이 과정에서 기업들은 반도체를 적층으로 쌓는 방식으로 집적도를 높이기도 했다. 기존 반도체가 웨이퍼 위에 반도체를 1층으로만 쌓았다면 이를 수직으로 높여 5~6층 아파트를 짓는 셈이다. 2021년 10월 현재, 미국 마이크론은 176단 낸드플래시를 출시했다. 삼성전자와 SK하이닉스는 128단 제품이 주력이지만 올해 안에 이를 뛰어넘는 제품을 출시한다는 계획이다.

최근에는 'AI 반도체'를 둘러싼 기업들의 경쟁도 시작됐다. AI 연산을 실행하는 데 최적화된 반도체를 뜻하는 AI 반도체는 앞서 이야기한 시스템반도체의 일종이다. AI 반도체는 지금도 우리 일상생활에서 사용되고 있다. 퀄컴이 개발한 '스냅드래곤 865'라는 AI 반도체가 삼성 갤럭시노트 20, 노트 20, Z폴드 2 등에 탑재한 것이 대표적이다. 이밖에 엔비디아, 구글, 애플 등 이름만 대면 알만한 글로벌 기업들은 AI 반도체를 개발, 이를 스마트폰이나 자율주행차 등에 적용해 나가고 있다.

전자기기와 인간의 소통 언어, 코딩

기자의 지인에 관한 실제 이야기다. 그냥 A라고 하자. 공업고등학교를 나온 A는 모 대학교 지방 캠퍼스에 입학했다. 학벌은 보잘것없었다. 그는 대학을 졸업하지도 못했는데 뜻밖의 소식을 듣고 뜨악했다. 이름만 대면 알만한 대기업에서 졸업장도 없는 그를 채용한 것.

A는 어렸을 때부터 컴퓨터를 만지작거리며 노는 것을 좋아했다. 독학으로 C언어를 비롯해 여러 컴퓨터 언어를 공부했고 홈페이지를 만들기도 하면서 '놀았다.' 공부는 하지 않았기에 내신, 모의고사 점수가 좋을 리 없었다. 프로그래머 분야에서 '은둔 고수'로 불렸다. 잘 모르지만 코딩을 잘 하는 사람들끼리 모이는 커뮤니티가 있나 보다. 거기서 조금씩 자신을 알린 그는 대학을 그만뒀다. 몇 년 전 마지막으로 연락했을 때도 그는 그 대기업 개발자로 활동하고 있었다.

예나 지금이나 한국이 시스템반도체 시장에서 고전하는 이유에 대해 전문가들은 한목소리로 이렇게 이야기한다.

"고급 설계자가 부족합니다."

반도체 설계란 쉽게 이야기해서 소프트웨어 프로그래밍 작업이다. C언어와 같은 프로그래밍 언어를 토대로 논리 회로를 만들고 이를 설계할 수 있는, '아키텍처'가 필요하다. 코딩이 중요하다고 해서 속성반 6개월 코스를 다닌 사람이 할 수 있는 일이 아니다. 컴퓨터를 좋아해야 하고 코딩의 재미를 느껴야 하며 스스로 신명 나게 일을 해야 아키텍처가 될 수 있다.

과거 한국에서 소프트웨어 산업은 설 자리가 부족했다. 프로그래머는 '쥐어짜는 수단'에 불과했고 대기업은 가격을 후려치며 프로그래머를 괴롭혔다. 밤샘 근무는 일상이었고 프로그래머는 '3D 업종'으로 분류되기도 했다.

세상이 바뀌고 있다. 시가 총액 기준 국내 10대 기업으로 성장한 네이버와 카카오는 모두 프로그래머가 우대받는 기업이다. 크래프톤, 넥슨 등의 게임 기업도 마찬가지다. 프로그래머가 '대접' 받는 시대가 되었고 특히 시스템반도체 설계자들의 몸값은 천정부지로 치솟고 있다. 과거 구글, 페이스북 등의 기업들이 국내 유명 프로그래머들을 고액 연봉으로 모셔갔다면 이제는 삼성, SK하이닉스를 비롯해

LG 등의 기업들도 인재 확보에 총력을 기울이고 있다. 오늘의 집을 비롯해 토스 등 우리가 아는 성공한 벤처 기업들도 업계 최고 수준의 연봉을 주며 프로그래머를 모셔가고 있다.

시장은 열리고 있다. 원래 너무나도 컸는데, 메모리 반도체가 전부인 줄 알았던 우리는 이 시장을 얕봤다. 생각했던 것보다 더욱 거대해지고 있는 시장, 10년 뒤에는 더 커질 것이 불 보듯 뻔한 시장. 40대인 기자는 늦었지만 10대인 여러분에게는 기회가 열려 있다.

3

태양을 모방할 수 있을까?

꿈의 에너지원, 핵융합 발전

- **중학교 과학 1** - 기체의 성질(스스로 움직이는 입자)
- **중학교 과학 2** - 열과 우리 생활(온도와 열)
- **고등학교 물리 I** - 역학과 에너지(시공간의 이해)

"내 계산이 맞는다면……, 이건 초당 3기가줄(GJ)의 에너지를 낼 수 있어."

"당신의 심장을 50년은 뛰게 할 수 있는 에너지네요."

손바닥 크기의 작은 기기가 형광등이 켜지듯 몇 차례 깜박이더니 밝은 빛을 쏟아냈다. 신기하게 이를 바라보던 인센에게 스타크가 말한다.

"이곳을 빠져나갈 수 있게 도와줄 티켓이야."

테러리스트에게 납치당해 알 수 없는 동굴에 갇힌 천재 과학자이자 기업인 토니 스타크. 그는 동굴에서 만난 공학자 인센과 그곳을 탈출하기 위해 아이언맨 슈트의 첫 번째 버전 '마크1'을 만든다. 지금의 '마블'을 존재하게 한, 영화 〈아이언맨 1〉의 도입부다.

갑옷과 같이 몸에 착용하는 웨어러블 로봇(Wearable Robot)인 마크1. 스타크는 이 로봇에 화염방사기를 비롯한 여러 무기를 장착했다. 그러나 이를 작동시키기 위해서는 강력한 동력원이 필요했다. 전기를 끌어오기 위해 콘센트에 의존할 수는 없는 노릇이었다.

그가 선택한 기술은 아버지가 남긴 유산, 아크 리액터(Arc Reactor)였다. 아크 리액터가 만들어내는 에너지는 초당 3기가줄(3GJ)에 달한다. 이는 3기가와트(GW)를 의미하는데, 국내 원자력발전소 1기가 1GW의 에너지를 만들어 내는 만큼 손바닥 크기만 한 아크 리액터가 만드는 에너지의 양은 상상 그 이상이다.

스타크는 아이언맨의 심장인 아크 리액터를 이용하여 강력한 아이언맨 슈트를 만들어 나간다. 한 손으로 쥘 수 있는 동그란 모양의 기기 하나가 축구장 60개를 합한 크기의 땅에 지어야 하는 원자력발전소보다 더 많은 전기를 생산하는 것이 과연 가능한 일일까?

공상과학(SF) 영화 속 이야기지만 이를 현실에서 구현하려는 노력이 실제로 이어지고 있다. 과학기술계에서는 빠르면 30년 뒤, 늦어도

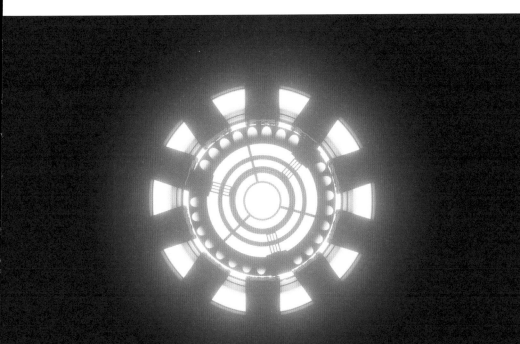

아이언맨 슈트의 에너지 동력원인 아크 리액터.
상온핵융합 기술이 적용됐다.

40년 뒤에는 아크 리액터의 원리를 그대로 적용한 전기 생산이 불가능하지 않다고 본다. 이를 가능케 하는 것, 바로 태양을 모방한 핵융합 발전이다.

이론적으로는 충분히 가능하다. 핵융합 원료인 중수소와 삼중수소 1g으로 석유 8t 분량의 에너지를 만들어낼 수 있다. 원자력 발전과 비교하면 주입하는 연료 대비 3배가량 많은 에너지를 생산한다. 온실가스 배출도 없고 방사성 폐기물도 없다. 폐로(발전소 문을 닫고 없애는 일)하는 데도 큰 비용이 들지 않는다. 꿈의 에너지원인 핵융합 발전, 인류는 어떤 방식으로 태양을 모방하려는 것일까?

서로 다른 원자핵이 만나는 핵융합 반응

태양이 방출하는 에너지는 무한대에 가까운 수준이다. 태양이 1초 동안 뿜어내는 에너지는 지구의 모든 인류가 약 100만 년을 쓰고도 남을 정도다. 이 같은 태양에너지의 원천이 바로 핵융합이다.

중학교에 입학하고 첫 과학 시간에 배우는 것이 물질을 이루는 기본 입자인 '원자'다. 우리 몸을 비롯해 지구, 나아가 우주는 여러 가지 원소로 이루어져 있는데 그 가운데 만물의 근원이 되는, 그래서 원자번호가 1번인 '수소'가 가장 가볍다. 수소 원자의 지름은 약 1억 분의 1cm. 수소 원자 1억 개를 한 줄로 늘어놓아야 겨우 1cm가 된다.

원자번호 1번, 수소가 바로 핵융합의 원료다.

핵융합을 이해하려면 수소 원자를 조금 더 쪼개야 한다. 수소 원자는 (+) 전하를 띄는 원자핵과 (-) 전하를 띠는 전자로 이루어져 있다(모든 원자가 마찬가지다). 마치 태양 주변을 지구가 공전하는 것처럼 원자핵은 원자의 한 가운데 놓여있고 전자가 그 주변을 돈다.

태양은 만물의 근원인 수소 덩어리이고, 태양의 중심부에서 수소와 수소는 끊임없이 부딪친다. 이 과정에서 수소 원자 안에 있는 원자핵이 충돌하며 '융합'된다. 원자의 핵이 융합하기에 이 반응을 '핵융합'이라고 부른다. 수소 원자핵 4개가 융합해 한 개의 헬륨 원자핵으로 변하면서 에너지를 방출한다. 이때 방출되는 에너지를 구하는 식이 아인슈타인이 찾아낸 '질량 에너지 등가 원리', $E = mc^2$이다(m은 질량, c는 빛의 속도). 고등학교 물리학1 교과서에 질량 에너지 등가 원리

에 따른 태양 핵융합 반응을 구하는 식이 등장한다. 수소 원자핵 4개의 질량 합은 4.032. 헬륨 원자핵 1개의 질량은 4.003. 줄어든 질량만큼 에너지로 전환돼 방출되는데, 태양에서는 매초 450만 t의 질량이 에너지로 전환되고 있다. 빛의 속도가 초속 30만 km인 만큼, 질량과 광속의 제곱의 곱으로 발생하는 에너지 크기는 무한대에 가깝다.

핵융합 반응에서 하나 더 기억해야 할 부분은 '원자핵'끼리 융합한다는 점이다. 원자핵은 (+) 전하를 띄고 있다. 자석의 N극과 N극이 서로 밀어내듯이, 원자핵도 같은 전하를 띄고 있는 만큼 서로를 밀어낸다. N극과 N극을 붙이기 위해서는 어떤 '힘'이 필요하다. 말굽자석의 N극과 N극은 붙지 않지만 사람이 힘을 가하면 억지로라도 붙

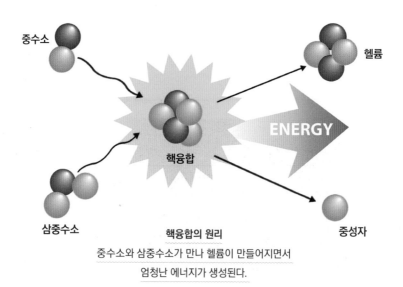

핵융합의 원리
중수소와 삼중수소가 만나 헬륨이 만들어지면서
엄청난 에너지가 생성된다.

는다. 핵융합도 마찬가지다. 수소 원자핵끼리 서로 융합할 수 있는 이유는 태양이 갖고 있는 극한 환경 때문이다. 태양 내부의 온도는 1500만 도, 압력은 2000억 기압(우리가 살고 있는 곳이 1기압이다)에 달한다. 2000억 기압이 눌러대니, 원자핵끼리 서로 밀어내는 것이 오히려 더 힘들다.

태양의 극한 환경을 모방하는 방법

과학자들은 무한한 태양에너지의 근원인 핵융합 반응을 지구에서도 구현시킨다는 원대한 목표를 세웠다. 핵융합 때 발생하는 열(Heat)로 증기를 만들어 터빈을 돌리면 전기에너지 생산이 가능하기 때문이다. 그런데 태양과 같은 극한 환경을 만드는 것이 문제였다. 1500만 도의 열은 어렵지 않게 만들 수 있다. 문제는 2000억 기압에 달하는 압력이다. 우리가 생활하는 이곳 지구의 기압은 1기압이다. 이는 가로 세로 길이가 1cm인 정사각형을 1kg의 물체가 누르는 힘과 같다. 2000억 기압은, 그러니까 가로 세로 1cm 종이 위에 2000억 kg의 물체가 올려져 있는 상황이라 보면 된다. 말 그대로 불가능하다. 이 같은 극한 환경을 만들지 못한다면 핵융합 반응을 일으킬 수 없다.

그래서 과학자들은 압력을 포기하고 온도를 높이는 방안을 택했다. 압력의 도움 없이 핵융합 반응을 일으키려면 태양 표면 온도의

10배인 1억 5000만 도에 달하는 열이 필요했다. 중학교 과학2 교과서 '온도와 열' 단원에서 그 까닭을 쉽게 풀어 설명했다. 액체 상태인 물을 가열하면 온도가 높아질수록 물 입자의 운동이 활발해진다. 열을 더 가해 기체가 되면, 물 입자의 운동은 더욱 빨라진다.

온도를 높이기 위해 과학자들은 진공관 안에 수소를 가득 채운 뒤 열을 가해 원자가 전자와 이온으로 분리되는 제 4의 상태, 즉 '플라즈마'로 만들었다. 이 플라즈마에 전자기파나 중성자빔처럼 고에너지를 쏴주면 온도는 1억 도 이상 거뜬히 올라간다. 핵융합을 일으킬 수 있는 조건이 만들어지는 셈이다.

하지만 또 다른 문제가 생겼다. 온도를 1억 5000만 도까지 올리는 방법은 찾아냈지만 이 온도를 견디는 재료가 지구상에 존재하지 않았다. 과학자들이 고민에 고민을 거듭한 끝에 생각한 방법은 의외로 간단했다.

"뜨거운 열이 닿으면 재료가 녹는다고? 그럼 플라즈마를 벽에 안 닿게 하면 되잖아!"

1958년, 러시아의 쿠르차토프 원자력연구소의 과학자들은 이 같은 생각을 토대로 도넛 형태의 구조물을 고안했다. 러시아어로 '자기장 코일로 만든 도넛 모양의 가둠 장치'라는 의미의 앞글자를 따서 이를 '토카막(Tokamak)'이라고 부른다. 토카막 구조를 이용하면 플

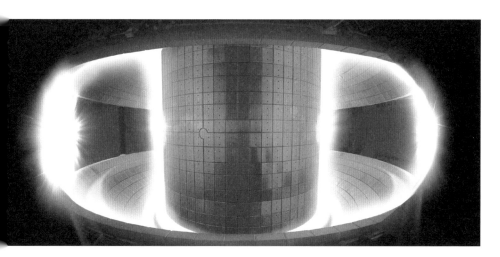

한국핵융합에너지연구원이 개발한 핵융합실험로 K-STAR
토카막 구조의 가운데 고온의 플라즈마가 생성된 모습이다. ⓒ한국핵융합에너지연구원

라즈마를 공중에 띄울 수 있다. 플라즈마는 전자기장에 반응하는 만큼, 토카막 주변에 강한 자기장(자석)을 만들어 주면 플라즈마를 공중에 띄울 수 있게 된다. 토카막이 자성을 띠게 도와주는 기술이 바로 '초전도 자석'이다. 초전도 자석은 영하 260도에 가까운 낮은 온도에서 전기저항이 '0'이 되는 초전도체에 전류를 흘려 자기장을 만드는 장치를 뜻한다. 지구에서 가장 뜨거운 물질인 플라즈마를 지구에서 가장 차갑게 설계된 그릇에 담는 셈이다. 이를 통해 과학자들은 또 다른 불가능의 벽을 넘어섰다.

그런데 예상치 못한 문제가 또 한 번 과학자들을 번민에 빠지게 만들었다. 예측할 수 없는 플라즈마의 움직임이었다. 토카막 플라즈마

경계면의 미세한 압력 변화 때문에 플라즈마가 자기장을 따라 요동치는 '플라즈마 경계면 불안정 모드(ELM)'라는 현상이 발생한 것이다. 한마디로 플라즈마가 야생마처럼 어디로 튈지 모르게 날뛴다는 설명이다. ELM이 발생하면 고온의 플라즈마가 토카막 벽을 때려 경계면이 파손되고 훼손돼 플라즈마가 새어나간다. 핵융합 반응이 지속적으로 일어날 수 없다. 현재 핵융합을 연구하는 전 세계의 과학자들이 이 플라즈마를 안정적으로 유지하는 방안 찾기에 나선 이유다.

현재 한국 대전에 위치한 핵융합실험로인 K-STAR는 5000~6000도의 플라즈마는 100초, 1억 도의 플라즈마는 20초 동안 안정적으로 유지시키는 데 성공했다. '겨우 20초?'라고 생각할지 모르지만 세계 최고 기록이다. 24시간 발전이 가능하려면 고온의 플라즈마를 1000초까지 유지할 수 있는 기술을 확보해야 한다.

ITER, 국제핵융합실험로

정리하면 이렇다. 토카막 내부 공기를 외부로 빼내 진공 상태로 만든다. 이후 토카막 외벽의 온도를 극도로 낮춰 초전도 현상이 일어날 수 있는 환경을 만들어 준다. 여기에 핵융합의 원료가 되는 중수소와 삼중수소(중수소와 삼중수소는 낮은 온도에서도 핵융합 반응이 가능하다)를 넣어준다. 그 뒤 벽에 전류를 흘려주면 진공 속 전자들이 회전하게 되고 서로 충돌하면서 플라즈마가 된다. 이 플라즈마는 토카막 속에 만들어진 자기장을 따라 공중에 뜬다. 여기에 중성자빔을 쏴 온도를 높인다. 플라즈마에서는 핵융합 반응이 발생하게 되고, 여기서 발생한 높은 에너지의 중성자가 '블랭킷'이라 불리는 토카막 장치 외벽을 때린다. 블랭킷 내부를 흐르던 물이 중성자가 갖고 있는 에너지를 받아 뜨거워지고 증기가 발생한다. 이 증기가 터빈을 돌려 전기를 생산한다.

하지만 앞서 이야기했듯이 핵융합을 구현하려면 여러 장벽을 넘어야 한다. 이 과정이 쉽지 않은 만큼 현재 전 세계 과학자들은 힘을 모아 핵융합 상용화에 나서고 있다. 이른바 '국제핵융합실험로(ITER · International Thermonuclear Experimental Reactor)' 건설이다.

1985년 미·소 정상회담 당시 '핵융합 연구개발 추진에 관한 공동성명' 채택에 따라 국제원자력기구(IAEA)는 ITER 이사회를 구성한다. 대규모 실험로를 전 세계 과학자들이 머리를 맞대고 함께 만들어보자는 취지였다. 미국과 옛 소련이 핵무기를 늘려가며 힘겨루기를 하던 시기에 양국이 손을 잡은 연구가 핵융합 발전이었던 것을 보면, 인류가 핵융합 발전을 얼마나 매력적으로 바라봤는지 알 수 있다. 한국은 2003년 ITER에 가입했다. 미국과 한국, 일본, 중국, 러시아, 인도, 유럽연합(EU) 등 7개국은 2005년 ITER을 프랑스의 카다라쉬 지역에 짓기로 확정한다. 현재 그곳에 축구장 60개 크기의 핵융합 실험로를 건설하고 있는데 건설비용만 20조 원에 달한다. ITER은 총 80

프랑스에 건설되고 있는 국제핵융합실험로(ITER)
ⓒ한국핵융합에너지연구원

여 개 부품으로 이루어져 있는데 7개 국가가 세부 품목을 나눠 제작한 뒤 납품하면 프랑스 현지에서 조립하는 방식으로 건설된다. 국가핵융합에너지연구원이 주관하는 한국은 ITER 건설을 위한 예산의 약 9%에 해당하는 1조 2000억 원을 분담하며 현대중공업 등 50여 개 국내 업체가 참여해 열차폐제, 전원공급장치 등 9개 품목을 할당받아 개발해 공급하고 있다.

2021년 6월 기준 ITER 공정률은 70%를 넘어선 상황이다. 예정대로 2025년 완공되면 높이 30m, 폭 30m 규모의 공간에 설치된 거대한 토카막에 플라즈마를 띄우게 된다. 토카막 주변을 감싸는 초전도체의 성능은 길이 50m 레일이 100개 있는 수영장을 단번에 얼릴 수 있을 정도에 이른다. ITER에서 얻은 지식은 건설에 참여한 국가들이 공동으로 사용할 수 있다. 국가핵융합에너지연구원은 ITER에서 진행한 실험을 토대로 실제 발전까지 가능한 '핵융합 실증로' 건설에 나설 계획이다. ITER에서 핵융합로의 성능이 입증되면 2040년 이후 전 세계에서 핵융합을 이용한 발전소 건설이 시작될 것으로 예상된다.

아이언맨의 아크 리액터는 실현 가능할까?

아크(arc)는 플라즈마를 의미한다. 리액터는 원자로다. 영화 속 토니 스타크가 아이언맨 슈트의 동력으로 사용하는 아크 리액터는 플라즈마 원자로, 즉 핵융합 발전을 뜻한다. 손바닥 크기 정도로 작은 만큼 '초소형 핵융합 발전기'쯤으로 볼 수 있을 듯하다. 실제로 영화 속 스타크의 아버지가 남긴 아크 리액터 설계도는 토카막 구조와 정확히 일치한다.

그러나 거대한 구조 장치를 손바닥 크기로 줄이는 것도 현재 기술로 불가능하지만 아크 리액터를 현실에서 볼 수 없는 이유는 다른 데 있다. 바로 온도 때문이다. 앞서 이야기했듯이 플라즈마를 띄우기 위

해서는 강력한 자기장이 필요하고, 이는 초전도 자석에서 나온다. 초전도 자석을 작동시키기 위해 필요한 온도는 영하 270도. 하지만 아크 리액터는 영하가 아닌 상온에서 작동된다. 이름하여 상온핵융합이다. 현재 과학기술계에서는 상온핵융합 구현은 불가능한 것으로 전망하고 있다.

상온핵융합의 역사는 제법 길다. 1989년 미국 유타대학의 스탠리 폰스 교수와 사우샘프턴대학의 마틴 플라이슈먼 교수는 '팔라듐(원자번호 46번, 백금과 화학적 성질이 비슷하며 주로 촉매나 장신구로 활용)'이라는 원소를 이용해 물을 전기분해하던 중 많은 양의 열이 발생하는 것을 확인하고는 핵융합 반응이 원인이라고 주장했다. 상온핵융합이 사람들에게 알려지게 된 가장 중요한 이벤트였다. 여기서 재미있는 점은 토니 스타크 또한 아크 리액터를 만들기 위해 팔라듐을 사용하고 있다는 점이다. 폰스 교수의 실험은 곧장 미국 언론에 대서특필됐고 전 세계로 퍼져나갔다. 당시 국내의 대학교수 몇 사람도 이 실험을 재현했더니 핵융합 반응이 나타났다고 발표하기도 했다. 북한 역시 뒤질 세라 상온핵융합 성공을 발표했다. 하지만 폰스 교수의 실험은 핵융합 반응이 아니었음이 밝혀졌고 두 교수는 학교에서 쫓겨나고 말았다. 2004년 미국 에너지부는 조사위원회를 꾸려 1989년에 있었던 실험은 실패했다고 결론지었다.

2014년 국가핵융합에너지연구원이 발간한 '상온핵융합 동향'에 따르면 상온핵융합과 관련된 논문은 500여 편이 나왔다. 실험 보고서는 1370여 개가 발표됐지만 저명한 과학저널에 발표되지는 않았다. 미국 특허청은 현재 상온핵융합을 주장하는 모든 특허 신청을 기각하고 있다. 현실적으로 작동하지 않기 때문이다.

그렇지만 상온에서 핵융합을 구현하려는 과학자들의 노력은 여전히 계속되고 있다. 연구 다양성을 위해서라도 일부 필요하다는 주장도 있다. 이 때문에 2006년부터 미국 물리학회는 반년마다 열리는 모임에 상온핵융합 세션을 포함시켰고 미국 화학회도 상온핵융합에 관한 초청 심포지엄을 열기도 했다. 이처럼 상온핵융합을 위한 기초연구는 충분히 도전할 만한 것이지만 마치 수년 내 기술이 현실화될 것처럼 주장하는 사람들이 있다면 경계해야 할 필요가 있다. 실제로 지난 2017년 한 공기업이 상온핵융합을 개발했다는 우크라이나 과학자에게 속아 거액을 투자한 사례도 있다.

원자력발전소의 변신

제 34대 미국 대통령 드와이트 아이젠하워는 1953년 12월 8일 유엔총회에서 '평화를 위한 원자력(Atom for Peace)'이라는 제목으로 이렇게 연설했다.

"최대의 파괴력이 전 인류를 위한 엄청난 혜택으로 바뀔 수 있습니다."

제 2차 세계대전을 끝내버린 핵무기의 위력과 참상에 전 세계가 경악하던 시기였다. 아이젠하워는 원자력을 안전하게 사용한다면 인류에 엄청난 혜택을 가져다준다고 믿었다. 그는 "원자력은 평화적 목적으로 사용할 방법을 아는 자들의 손에 있어야 한다"며 "전문가들이 원자력을 평화적 활동에 응용할 것"으로 기대했다. 1956년 영국에서 최초의 발전용 원자로가 가동되며 원자력을 평화적으로 활용하려는 노력이 본격 시작됐다. 이후 인류는 원자력을 이용해 만든 풍족한 전기로 다양한 산업을 발전시키며 번영해왔다.

핵융합 발전이 미래기술이라면, 핵분열을 이용한 원자력 발전은 현재기술이다. 한국은 24기의 원자로(원자력 발전)를 운영하고 있는데, 최근에는 기존 원전보다 크기를 대폭 줄인 소형 원자로가 주목받고 있다. 이른바 '소형 모듈 원자로(Small Module Reactor)', SMR이다.

제 2차 세계대전 중인 1945년 8월 9일,
일본 나가사키에서 원자폭탄 '팻 맨'이 폭발했다.

말 그대로 작은 원전인 SMR은 기존 원전 부지의 10분의 1이 채
되지 않는 곳에 지을 수 있다는 장점이 있다. 물론 만들 수 있는 에너
지의 양도 기존 원전 대비 5분의 1에서 10분의 1에 불과하다. 공사
기간은 현 원전의 절반가량인 2년이 되지 않으며 공사비도 3분의 1
에서 4분의 1에 불과한 3000억 원 정도로 알려져 있다. 대형 원전은
아니지만 도서나 산간 지역은 물론 대도시 인근에 지어질 경우 전기
를 효율적으로 공급 가능하다. SMR이 실제로 지어진 사례는 아직 없
지만 이미 확보한 기술을 활용하는 만큼, 핵융합 발전보다 빠른 2030
년께 상용화될 것으로 전망된다.

원자력 발전은 핵융합 발전과 반대개념으로 볼 수 있는 핵분열을 이용한다. 두 개 이상의 원자핵이 하나로 합쳐지는 게 아니라 쪼개진다. 우라늄과 같은 방사성 물질의 원자핵에 입자(중성자)를 충돌시켜 원자핵을 쪼개는 반응이다. 이때 질량이 줄어들면서, 줄어든 만큼 에너지가 발생한다.

우라늄이 핵분열을 일으킬 때 '중성자(핵을 구성하고 있는 입자 중 전하를 갖고 있지 않은 입자)'가 발생하는데, 이 중성자가 다른 핵을 때리는 연쇄반응이 일어난다. 다만 이 반응을 가만 놔두면 폭발이 커질 수 있기 때문에 중성자의 반응을 적절히 조절해 줘야만 한다. 원자력 발전은 핵분열을 조절해 적당한 열을 만들고, 이 열로 증기를 만들어 터빈을 돌려 전기를 생산한다.

SMR과 기존 원전의 가장 큰 차이라면, 주요 기기를 하나의 용기 안에 배치한 점을 들 수 있다. 기존 원전은 주요 기기를 연결하는 대형 배관이 필요하고, 따라서 이 배관에 문제가 생기면 방사성 물질이 새어 나오거나 원자로가 멈추는 등 여러 문제가 발생했다. SMR은 그러한 배관을 없앰으로써 체르노빌에서와 같은 중대 사고가 일어날 확률은 낮췄고 적은 전력을 생산하는 만큼 사고가 발생했을 때 누출될 수 있는 방사성 물질도 대형 원전보다 적다.

인류가 핵융합 발전과 SMR을 추구하는 이유는 명확하다. 환경에 피해를 덜 주면서, 값싸게 에너지를 얻고 싶은 욕구 때문이다. 2019년 기준 전 세계 에너지소비량은 138억 6490만 t으로 2018년 대비

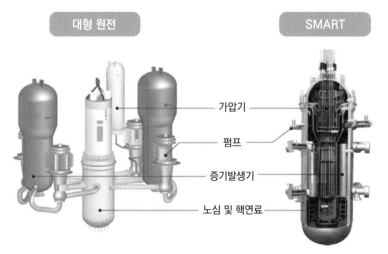

대형 원전과 소형모듈원자로(SMR)
스마트 원전 개념도. 대형 원전과 달리 배관 없이 주요 기기를
하나의 용기 안에 넣은 작은 원전이다. ⓒ과학기술정보통신부

2.9% 늘었으며 사상 최고치를 기록했다. 전 세계 많은 국가와 기업들
이 에너지를 아끼기 위해 많은 노력을 이어가고 있지만 에너지 소비
량은 매년 최고치를 갈아치우며 늘어만 간다. 인류는 여전히 에너지
를 만들어 쓰기 위해 탄소를 소비하고 있고, 이 탄소는 고스란히 지
구에 쌓이는 중이다.

　인류가 찾고 있는 여러 에너지원 중에서 핵융합 발전과 SMR은
가장 강력하면서도 큰 힘을 발휘할 수 있을 것으로 기대되고 있다.
SMR이 상용화될 2030년, 핵융합 발전이 상용화될 2050년대, 우리
는 지금보다 더 안전하고 평화롭게 살게 될까?

4

누구나 구할 수 있는 설계도

우주로 가는 첫 관문, 로켓 발사체

- **중학교 과학 2** - 태양계(태양계 행성과 태양 활동)
- **고등학교 물리 I** - 역학과 에너지(뉴턴의 운동 법칙)

우주 관광의 서막이 오르다

2021년 1월 17일, 영국 버진그룹 계열사 버진 오빗의 '런처원' 로켓이 우주 발사에 성공했다. 외신을 비롯해 국내 언론들도 이 성과를 대문짝만하게 다뤘다. 1950년대부터 인류는 수없이 로켓을 우주로 쏘아올렸지만 이번 것은 조금 달랐다.

지상에서 수직으로 솟아오르는 로켓이 아니라, 커다란 항공기에 탑재돼 하늘 위에서 발사된 로켓이었기 때문이다. 마치 전투기 아래 탑재된 미사일이 공중에서 발사되듯, 런처원은 항공기 아래 붙어 있다가 하늘에서 분리돼 우주로 날아올랐다. 이후 미국항공우주국(NASA)의 소형 위성 9개를 지구 저궤도에 올려놓는 데 성공했다.

2021년 1월 24일. 길이 70m, 직경 3.7m의 웅장한 로켓, 팰컨9이 우주로 발사됐다. 팰컨9의 맨 꼭대기에는 143개의 위성이 탑재돼 있었다. 발사 59분 뒤 첫 위성을 시작으로 30분 동안 143개의 위성이 차례차례 우주 공간으로 쏟아졌다. 143개의 위성 모두 태양동기궤도(지구 상공 500~800km)에 안착했다. 스페이스X가 개발한 팰컨9은 인류 역사상 가장 많은 위성을 싣고 우주로 날아간 로켓으로 기록됐다.

2021년 7월 11일에는 버진그룹의 또 다른 우주기업 버진갤럭틱의 우주선이 상공 86km에 도달한 데 이어 7월 20일, 미국 블루오리진의 우주선이 106km까지 올라갔다가 지상에 안착했다. 바야흐로 우주 관광의 서막이 오른 것이다.

2021년 1월 17일, 버진 오빗의 로켓 런처원이 비행기에서 분리돼 발사되고 있는 장면.
분리된 로켓에 있는 인공위성은 모두 지구 궤도에 안착했다. ⓒ버진 오빗

2021년은 인류 우주개발의 원년이라 부를 정도로 우주 이벤트가 많았다. 이제 막 자리를 잡기 시작한 민간 우주 기업들이 특히 눈에 띄는 기술력을 보여주며 세상을 놀라게 했다. 더 이상 우주개발은 천문학적인 돈을 투자해 국민에게 꿈과 희망을 주는 이벤트가 아니었다. 이제 국가가 아닌 기업들이 도전하는 시대가 됐다. 우주에 수만 개의 위성을 쏴 인터넷망을 만들기도 하고, 앞서 언급했던 것처럼 우주 관광 기술을 선보이기도 했다. 달에 기지를 건설하려는 시도도 이미 진행 중이다.

인류가 우주를 새롭게 보게 된 결정적인 계기는 무엇일까? 바로 로켓 기술의 진화다. 50년 전과 비교했을 때 로켓 가격은 10분의 1로 줄었다. 안전성도 높아졌고 위성 100여 개를 한 번에 우주에 내려놓기도 한다. 로켓 없이 인류는 우주에 발을 들여놓을 수 없는 만큼, 로켓 기술 발달로 인류는 화성에 식민지를 건설하는 일도 꿈꿀 수 있게 됐다.

작용 반작용의 법칙

로켓은 우주 공간을 비행할 수 있도록 돕는 커다란 엔진을 탑재하고 있다. 로켓이 하늘 높이 올라갈 수 있는 원리는 간단하다. 고등학교 물리1 교과서에 나오는 '작용 반작용의 법칙'을 그대로 따른다. 사람이 손으로 벽을 밀면 동시에 벽도 사람의 손을 밀어낸다. 한 물체가 다른 물체에 힘을 작용하게 되면, 동시에 다른 물체 또한 그 물체에 같은 크기의 힘을 반대 방향으로 작용한다. 힘은 두 물체 사이의 상호작용에 따라 항상 '쌍으로' 작용한다. 이를 뉴턴 운동 제 3법칙, 작용 반작용의 법칙이라 부른다.

작용 반작용의 법칙은 우리 생활에서도 쉽게 찾을 수 있다. 우리가 걷거나 뛸 때도 이 법칙이 적용된다. 발이 땅을 밀어내는 힘에 대한 반작용으로 땅이 우리를 밀어주기 때문에 앞으로 나아갈 수 있다. 수

영 선수가 반환점에서 벽을 차는 이유 또한 작용 반작용의 법칙을 이용한 것이다.

로켓 또한 이를 그대로 이용한다. 하늘을 보고 곧게 서 있는 로켓은 연료를 태워 가스를 만들고, 이 가스는 밖으로 분사된다. 가스는 반대 방향으로 로켓을 밀게 되고 이것이 추진력이 되어 로켓이 하늘로 날아오른다.

로켓의 엔진도 자동차 엔진과 같이 연료가 산소와 만나 연소하며 폭발하듯 힘을 낸다. 연소가 이뤄지려면 연료, 발화점 이상의 온도, 일정량의 산소가 필요하다. 이를 연소의 3요소라고 부른다. 로켓 또한 마찬가지다. 한국형발사체 누리호를 예로 들면 연료(케로신), 산화제(액체산소), 발화점 이상의 온도를 위한 추진제를 이용한다. 연료와 산화제가 만나고, 여기에 추진제까지 가동되며 고온, 고압의 가스가 만들어진다. 이 가스는 노즐을 통해 분사되고, 로켓은 이 분사되는 힘의 반작용으로 떠오른다.

인터넷에 널려있는 설계도

구글을 열고 'rocket blueprints(로켓 설계도)'라고 검색하면 다양한 설계도를 확인할 수 있다. 실제로 이렇게 검색해서 나오는 설계도 중에는 로켓에 그대로 적용해도 되는 수준의 설계도도 있다. 그만큼 로켓 기술은 새로운 것이 아니라는 얘기다. 다만 이를 구현하기가 쉽지 않아 '극한기술'이라고 부른다.

로켓은 수 톤(t)에 달하는 물체를 싣고 우주로 나아가는 역할을 한다. 그만큼 로켓이 연소과정에서 만들어내는 힘은 엄청나다. 로켓 엔진의 힘은 '뉴턴(N)'으로 표시된다. 역시 고등학교 물리학1 '뉴턴 운동 제 1, 2법칙' 단원을 보면 1kg의 물체에 작용해 $1m/s^2$의 가속도가 생기게 하는 힘의 크기가 바로 1N이다. 즉 1kg의 물체를 밀어서, 이 물체가 초당 1m의 속도로 점점 빨라지게 할 때 필요한 힘이 1N이라는 것이다. 중력 가속도가 $9.8m/s^2$인 만큼 1kg의 물체가 중력을 거슬러 공중에 떠 있으려면 9.8N의 힘이 필요하다($9.8N=1kg×9.8m/s^2$). 즉 1kg의 공을 아래로 던지면, 9.8N의 힘을 받는다. 내 몸무게가 100kg이고, 작용 반작용의 법칙을 이용해 하늘로 날아오르려면 1kg

의 공을 들고 1초마다 10개씩 아래로 계속 던져야 한다는 계산이 나온다. 큰 힘을 내면서 오랜 기간 날기 위해서는 많은 공을 들고 있어야 한다. 문제는 그렇게 되면 내 몸무게는 100kg이 아니라 들고 있는 공의 무게까지 더해진다는 데 있다.

즉, 수 톤의 물체를 우주 공간에 내려놓는 로켓은 엄청난 힘을 쏟아낸다. 이를 위해서는 엔진 한 개로는 어림도 없다. 과학자들은 로켓의 힘을 극대화하기 위해 엔진 여러 개를 하나로 묶는 '클러스터링' 기술을 활용한다. 문제는 여기서부터 시작된다. 로켓이 문제없이 대기를 뚫고 나가기 위해서는 묶어놓은 여러 개의 엔진이 같은 힘으로 동시에 작동해야 한다. 누리호의 경우 1단 로켓 엔진은 네 개가 묶여 있는데, 각 로켓은 독립적으로 작동한다. 로켓이 흔들리지 않고 곧바로 날아오르기 위해서는 네 개의 엔진이 마치 한 개처럼 움직여야 한다. 만약 4개 중 1기의 엔진 연소가 0.1초라도 늦어지면 힘이 분산되면서 로켓은 균형을 잡지 못한다. 엄청난 힘을 내는 만큼 각 엔진의 구조도 복잡할 뿐 아니라 제어 또한 어렵다.

로켓 연료를 연소시킬 때는 연소가 잘 이뤄지지 않는 '연소불안정' 현상이 나타날 수도 있다. 이는 1930년대부터 보고됐는데 이제껏 정확한 원인이 밝혀지지 않았다. 결국 설계도를 인터넷에서 구했더라도 실제로 작동시켜 보면 그대로 움직이지 않는다. 설계도가 천지에 널려있어도 로켓 기술을 확보한 국가가 총 10개국에 불과한 이유다. 오랜 경험과 끊임없는 투자만이 로켓 기술 확보의 지름길이다.

10분의 1로 줄어든 가격

우주로 향하는 로켓 기술 확보가 이처럼 어렵다 보니 우주는 '그들만의 리그'였다. 위성을 쏘고 싶어도 로켓 기술이 없으면 한계가 있었다. 결국 미국이나 일본, 러시아, 인도 등의 로켓을 빌려야 하는데 이 가격이 수천억 원에 달했다. 부르는 게 값이었다. 우주개발이 어려웠던 이유다.

이랬던 우주가 달라졌다. 스페이스X, 블루오리진을 비롯한 민간 우주 기업의 탄생이 불을 지폈다. 이들은 로켓을 여러 번 쏘는 '재활용 로켓'을 개발했고 우주로 향하는 비용을 기존 대비 10분의 1로 줄였다. 로켓은 한 번 쏘고 나면 연소 그을음을 비롯해 수만 개의 부품이 영향을 받는 만큼 쓰고 나면 폐기했는데, 민간 기업들이 재활용에 성공하면서 가격이 크게 낮아졌다.

이를 선두에서 이끈 사람이 바로 전기차를 만드는 테슬라의 CEO, 일론 머스크다. 영화 〈아이언맨〉에 등장하는 천재 과학자 토니 스타크의 실제 모델이기도 한 그는 페이팔을 창업한 뒤 이를 이베이에 팔아 우리 돈으로 약 2000억 원을 거머쥐게 된다. 이 돈을 기반으로 머스크는 발사체 기업 스페이스X를 창업했다. 창업 초기만 해도 러시아를 오가며 발사체 기술을 얻기 위해 노력했지만 실패하고 자체 개발로 선회했다. 이후 그는 NASA의 도움은 물론 뛰어난 공학자들을 영입, 직접 로켓 개발에 나선다. 특히 그는 한 번 발사할 때마다 드는

스페이스X의 로켓(팰콘9)이 임무를 마친 뒤 다시 발사장에 안착하고 있다.
ⓒ스페이스X

수천억 원의 비용을 낮추기 위해 발사체를 재활용하는 기술에 집중
했다.

스페이스X는 2008년 첫 발사체 실험에 성공하며 민간 기업으로서
는 처음으로 액체 연료 기반의 발사체를 지구 궤도까지 쏘아 올렸다.
그리고 2010년에는 발사한 우주선을 회수하는 데 성공했다. 2015년
에는 세계 최초로 로켓 1단 엔진을 역추진해 착륙시키는 데 성공했
으며, 2017년 이 로켓을 다시 발사해 '발사체 재활용'을 현실로 만들

었다. 로켓 재활용에는 공중에서 발사체의 자세를 전환하고 남은 연료를 제때 연소시켜 원하는 장소로 정확히 내려놓는 첨단 기술이 필요하다. 이를 위해서는 초 단위로 연료를 정확히 공급할 수 있는 기술 확보가 선행되어야 한다고 공학자들은 이야기한다. 말은 쉽지만 역시 극한기술에 속하는 만큼 수많은 실험을 통해서만 얻을 수 있다.

스페이스X와 블루오리진 등이 재활용 로켓 개발에 성공하면서 우주개발은 더 이상 공상과학(SF) 영화 속 이야기에 머무르지 않게 됐다. 낮아진 비용으로 수천 개의 위성을 우주로 쏘아 올릴 수 있게 되면서 미국의 스타링크(스페이스X를 설립한 일론 머스크가 만들었다)와 영국의 원웹 같은 기업들은 위성을 통한 인터넷 서비스를 시작했다. 많은 물건을 값싸게 우주로 실어나를 수 있는 만큼 달 기지 건설, 나아가 화성 식민지 건설도 조금씩 현실로 다가오고 있다.

로켓? 발사체? 미사일?

뉴스를 보면 어떤 기사는 로켓 대신 '발사체'라는 표현을 사용하기도 한다. 로켓, 발사체가 정확히 같은 의미는 아니지만 비슷하다. 로켓은 통상적으로 우주를 비행하는 물체를 뜻한다. 앞서 이야기한 작용 반작용의 원리, 즉 가스를 빠르게 내뿜어 그에 대한 반작용으로 추진력을 얻은 뒤 앞으로 나아가는 비행체를 통칭해 로켓이라 부른

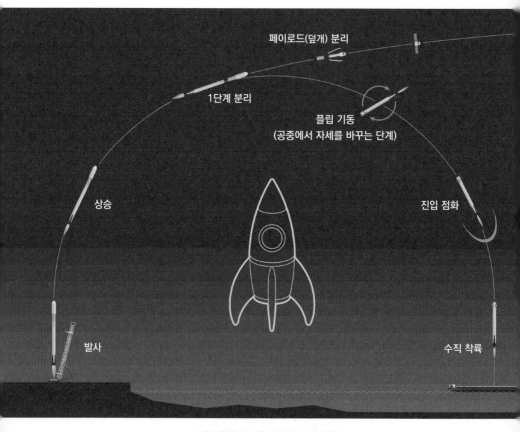

페이로드(덮개) 분리

1단계 분리

플립 기동
(공중에서 자세를 바꾸는 단계)

상승

진입 점화

발사

수직 착륙

재사용이 가능한 로켓의 비행 계획
재활용 로켓 발사 후 회수까지의 과정이다. 로켓은 인공위성이나 우주선을
우주에 띄워놓은 뒤 다시 지상으로 내려온다.

다. 발사체는 우주 공간에 인공위성이나 탐사선을 올려놓기 위해 사
용되는 로켓이다. 로켓의 범주에 발사체가 포함된다.

로켓을 이처럼 평화적 목적으로 사용하면 발사체가 되지만 다른

대륙에 있는 표적을 파괴하기 위해 사용하면 대륙간탄도미사일, 즉 '미사일'이 된다. 로켓의 꼭대기에 인공위성이나 탐사선이 탑재됐다면 발사체, 폭발물이 탑재됐다면 미사일이 되는 셈이다.

독일이 제 2차 세계대전 중 사용한 세계 최초의 탄도 미사일 V-2는 독일 로켓 과학자들의 모임인 '우주여행협회'가 개발한 로켓 기술을 응용해 만들었다. V-2를 만든 과학자들은 종전 후 미국으로 건너갔고, 이들이 달 탐사를 비롯한 우주개발 실현에 크게 기여했다. 로켓 공학의 아버지로 불리는 베르너 폰 브라운(1912~1977) 박사가 대표적이다. V-2 개발을 이끈 그는 나치 패망 이후 미국으로 건너가 NASA에 입사, 아폴로 프로젝트를 이끌었다. 결국 발사체 기술은 미사일 기술과 그대로 연결된다.

로켓은 일반적으로 1~3단으로 구성된다. 가장 무게가 많이 나가고 큰 힘을 발휘하는 1단 로켓은 공기 저항이 거센 대기권을 돌파하는 데 쓰인다. 대기권을 돌파하고 나면 연료를 다 사용한 1단 로켓은 떨어져 나가고 곧바로 2단 로켓이 불을 뿜으며 우주 공간을 이동한다. 다시 말해 2단 로켓을 정교하게 다룰 수 있는 기술만 확보한다면 이를 우주 공간에서 자유롭게 이동시키다가 원하는 대륙에 떨어뜨릴 수 있다. 미사일이 되는 것이다. 따라서 일부 국가들은 발사체를 개발한다고 하면서 뒤로는 미사일 기술 확보에 나서기도 한다. 대표적으로 북한을 꼽을 수 있다.

북한은 지난 2016년 2월 7일, 광명성호를 발사했다. 그러면서 "인

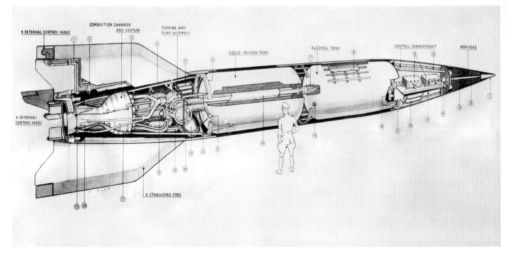

제 2차 세계대전에서 사용된 독일의 V-2 로켓
로켓의 길이는 14m, 지름은 약 1.7m이다. 1942년 10월 독일 북부 페네뮌데에서
발사되었고, 예정대로 60킬로미터 고도까지 비행했다.
근대 제 1호 로켓의 탄생이었다.

공위성인 광명성4호가 지구 저궤도 진입에 성공했다"고 발표했다. 인공위성을 우주에 내려놓았으니 광명성호는 평화적 목적의 로켓, 발사체가 되는 셈이다. 하지만 국내 연구진이 서해에서 수거한 광명성호 1단 로켓과 페어링(위성을 덮고 있는 부분)을 분석한 결과 광명성호는 발사체보다는 미사일에 가까웠다. 뿐만 아니라 인공위성을 특정한 궤도에 올려놓기 위해서는 발사체가 발사되는 시간이 제한돼 있다. 인공위성이 대기권 밖으로 올라갔을 때는 태양을 정면으로 바라볼 수 있어야만 한다. 그래야 우주 공간에 내던져진 인공위성이 태양에너지를 받아 무리없이 작동할 수 있다. 고흥에 있는 나로우주센터에서는 이 시간대가 오후 4시~5시 사이다. 나로호와 누리호가 모두 이 시간대에 발사하는 이유이기도 하다. 북한의 발사장인 '서해위성발사장'에서는 이 시간대가 오전 10시 30분~11시 사이다. 하지만 광명성호는 오전 9시 30분에 발사됐다. 위성을 통한 지상 관측보다는 위성을 단지 궤도에 올려놓는 데 집중했다는 얘기다. 또한 페어링에서 폭발 흔적이 발견됐는데, 이는 페어링 안에 있던 위성에도 영향을 미친다. 일반적으로 인공위성을 궤도에 올려놓는 발사체의 페어링에서는 이 같은 현상이 발견되지 않는다. 게다가 인공위성을 보호하는 진동 흡수 장치도 없었다. 북한이 인공위성을 지구 궤도에 진입시킨 것은 맞지만, 발사 과정을 들여다보면 위성 발사를 빙자한 미사일 시험용이라고 보는 게 합리적이다.

우주의 경계 100km

지구 대기와 우주 경계를 명확하게 나누는 기준은 없다. 미국 물리학자 시어도어 폰 카르만(1881~1963년)이 대기가 희박하여 비행기가 양력을 이용해 하늘을 날 수 없는 지점을 100km로 1950년대에 제시했고 국제항공연맹(FAI)은 이를 기준으로 지구 대기와 우주의 경계를 정의했다. 비행기가 하늘을 날 수 있는 이유는 날개 주변에서 대기

저항으로 발생하는 '양력' 덕분이다. 하지만 점점 고도가 높아질수록 대기가 희박해지면서 공기 흐름은 사라지고 양력이 발생하지 않는다. 과학자들은 대부분 이 기준을 토대로 대기와 우주를 구분한다.

만약 대기의 존재 유무로 우주 경계를 찾는다면 상공 1000km까지 올라가야 한다. 대기권은 대류권 성층권 중간권 열권으로 나뉘는데 높이 올라갈수록 중력의 영향은 줄고 대기는 희박해진다. 대기가 존재하는 열권까지의 높이를 대략 1000km 정도로 본다.

하지만 국제우주정거장(ISS)를 비롯해 저궤도위성은 모두 1000km 미만 고도에서 지구를 공전하고 있다. 1000km에 다다르지 않더라도 우주 공간의 성질이 나타나기 때문이다. 천문학적으로 대기는 행성 중력과 대기 입자가 가진 열운동 에너지의 균형이 맞춰지는 곳으로 보는데, 이에 따르면 우주의 성질을 가지고 있는 곳이 대략 상공 50km 이상이다. 50~80km 이하는 대기를 구성하는 질소와 산소 등의 비율이 일정하게 유지되기 때문에 '균질권'이라 부르기도 하며 50~80km 이상 고도에서는 이 같은 균형이 깨져 비균질권이라 부른다.

또한 상공 50km 이상 올라가면 대기 중의 원자, 분자가 태양 복사선을 흡수해 전자가 불안정한 위치(들뜬 상태)에 놓인다. 이 전자가 안정 상태로 수렴하는 과정에서 에너지를 방출하는데 이것이 '빛(방출선)'으로 나타난다. 50km 미만 고도에서는 이런 현상이 나타나지 않는다.

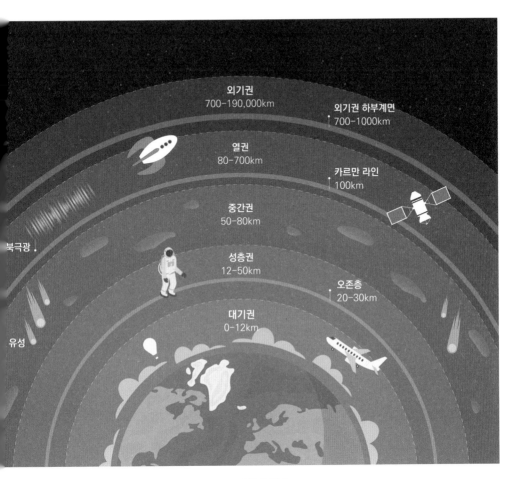

외기권
700-190,000km

외기권 하부계면
700-1000km

열권
80-700km

카르만 라인
100km

중간권
50-80km

성층권
12-50km

오존층
20-30km

대기권
0-12km

북극광

유성

우주의 경계
일반적으로 고도 100km(카르마 라인)을 중심으로
대기와 우주의 경계를 나눈다.

이제는 돈만 있다면 우주 관광을 경험할 수 있는 시대가 도래했다. 하지만 우주 관광이 황홀한 순간만을 제공하는 것은 아니다. 고에너지 방사선에 노출되고 무중력 상태에 오래 있다 보면 몸에 이상 반응이 나타날 수도 있다. 무중력 상태에서 대소변을 처리하는 일도 쉽지만은 않다.

일반인들이 우주여행에 대해 가장 걱정하는 부분은 바로 방사선 노출이다. 우주에는 태양 흑점 폭발, 초신성 폭발 등으로 발생한 수많은 우주 방사선 입자들이 날아다닌다. 인류가 우주 방사선으로부터 안전한 이유는 지구 자기장과 대기권 때문이다. 방사선을 띤 입자는 자기장에 막혀 지구로 들어오지 못한다. 입자들은 자기장이 드나드는 극지방으로 유입되는데, 이때 입자들이 대기권과 충돌하면서 만들어지는 빛이 '오로라 현상'이다.

동물시험 결과 우주에서 날아오는 방사성 입자에 노출되면 암, 심장질환 등에 걸릴 확률이 높아지는 것으로 조사됐다. 다만 우주 방사선 노출 시간이 짧다면 크게 문제되지 않는다. 미국 사망률 조사 컨설팅 연구진은 1960~2018년 사이 우주에 다녀온 적이 있는 미국 남성 우주비행사들과 메이저리그·전미농구협회(NBA) 선수들의 사망률, 암 발생률을 비교했다. 우주인은 프로선수와 맞먹을 정도로 건강 관리를 체계적으로 받기 때문이다. 조사 결과 우주비행사들의 사망률과 암 발생률은 운동선수들과 비교했을 때 큰 차이가 없었다. 운동

선수를 포함한 우주비행사들은 일반인보다 오래 살았고 암에 걸리는 확률도 낮았다. 우주로 나갈 경우 지구 중력의 4배를 버텨야 하는데 이 역시 일반인들이 충분히 버틸 수 있는 수준이라고 한다.

다만 달 탐사, 화성 탐사를 위해 우주에 오랜 기간 머물러야 할 경우에는 방사선 피폭량이 쌓이는 만큼 보다 면밀한 조사가 필요하다. 체계적인 훈련을 받지 않은 일반인은 작은 우주선 안에서 수 시간 동안 갇혀 있을 때 심리적인 압박을 느껴 폐쇄공포증 증상을 보일 수도 있다.

"지구는 우주라는 광활한 곳에 있는 너무나 작은 무대다."

1990년, 〈코스모스〉의 저자 칼 세이건은 지구로부터 60억 km 떨어진 곳에서 보이저 1호가 찍은 지구 사진을 가리켜 '창백한 푸른 점(Pale Blue Dot)'이라고 표현했다. 세이건은 이 사진을 통해 "지구는 광활한 우주에 떠 있는 보잘것없는 존재에 불과함을 사람들에게 가르쳐주고 싶었다"고 했다. 그가 지구를 작은 무대라고 지칭했던 건 인류의 오만함을 지적하기 위함이었다. 이제 세상이 바뀌었다. 인류는 세이건이 남긴 '작은 무대'라는 단어에서 그가 빗댄 비유를 빼버렸다.

이 사진은 1990년 2월 14일 보이저 1호가 촬영했다. 이 사진에서
지구의 크기는 0.12화소에 불과하며, 작은 점으로 보인다.
촬영 당시 보이저 1호는 태양 공전 면에서 32도 위를 지나가고 있었으며,
지구와의 거리는 61억 km였다. 태양이 시야에서 매우 가까운 곳에 있었기 때문에
좁은 앵글로 촬영했다. 사진에서 지구 위를 지나가는 광선은 실제 태양광이 아니라
보이저 1호의 카메라에 태양 빛이 반사되어 생긴 것으로,
우연한 효과에 불과하다. ⓒ위키백과

"스페이스X 강력 추천합니다."

여담이지만, 얼마 전 만난 수익률 좋은 펀드매니저가 "미래에는 어디다 투자하면 돈을 벌 수 있을까요"라는 질문에 한 대답이다. 아직 주식시장에 상장도 하지 않은 기업이지만 벌써 기업가치가 우리 돈으로 80조 원이 넘는다. 스페이스X는 민간 우주시장을 연 상징적인 기업이다. 재활용 로켓을 만들어 수시로 우주로 날리고 있으며 최고경영자(CEO)인 일론 머스크는 로켓을 이용한 대륙간 이동 수단까지 만들겠다며 벼르고 있다. 스페이스X 주식을 꾸준히 사모으면, 10년, 20년 뒤에는 그 가치가 지금의 수십, 수백 배가 될 것이라는 펀드매니저의 설명이 이어졌다.

중력에 갇힌 이곳이 답답하다면 우주개발에 도전해볼 것을 권하고 싶다. 한국은 우주 약소국이었지만 꾸준한 투자로 누리호까지 제작했다. 2030년, 2040년 우주개발 계획도 차근차근 만들어가는 중이다. 우주를 빼고는 미래를 논할 수 없는 시대가 됐다. 우주과학자, 우주공학자. 전망은 '상당히' 밝다.

5

지구를 지키는 확실한 방법

이산화탄소 포집

- **중학교 과학 2** - 물질의 구성(원소)
- **중학교 과학 2** - 식물과 에너지(잎의 마술, 광합성)
- **중학교 과학 3** - 화학반응의 규칙과 에너지 변화
- **고등학교 통합과학** - 화학변화

"탄소 포집 기술에 상금 1억 달러 기부를 추진 중이다."

2021년 1월 21일, 영화 〈아이언맨〉의 실제 모델로 알려진 일론 머스크는 자신의 트위터에 탄소 포집 기술에 대한 글을 이같이 남겼다. 이어 2월 8일, 머스크는 '탄소 포집 기술대회'에 대한 상세한 내용을 발표했다. 그는 "경연에 참가하는 팀이 탄소 포집 능력을 10억 t 수준으로 확장할 수 있는 기술을 보여주길 바란다"며 약속대로 1억 달러(약 1100억 원)를 상금으로 내걸었다. 이 대회는 인류에 유익한 기술을 촉진하기 위해 설립된 비영리 단체 '엑스프라이즈 재단'을 통해 공개 경쟁 프로그램으로 진행된다.

전 세계에서 한 해에 가장 많은 이산화탄소를 배출하는 국가는 중국으로 2019년 기준 101억 7500만 t을 배출했다. 미국이 52억 8500만 t, 인도가 26억 1600만 t, 한국은 6억 1100만 t을 배출 세계 9위 배출국이다. 그러니 머스크가 언급한 10억 t이면 한국에서 한 해 배출하는 이산화탄소보다도 많은 양이다.

머스크는 성명에서 "탄소 중립이 아닌 감축으로 가야 한다"며 "이번 대회는 이론적인 경쟁이 결코 아니다"라고 강조했다.

2021년부터 4년간 진행될 대회 참가자들은 대기 또는 해양에서 환경친화적인 방식으로 탄소를 포집하고 시연해야 한다. 먼저 하루에 탄소 1t을 제거하는 솔루션을 만들어 검증받아야 하며 이후 탄소 포집 능력을 확대할 수 있는지도 평가하게 된다.

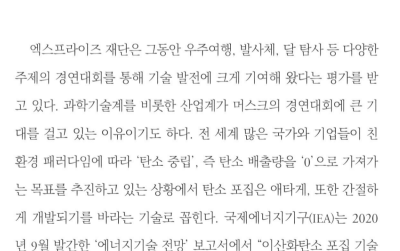

스페이스X, 테슬라 창업자인 일론 머스크가
자신의 트위터에 이산화탄소
포집 기술 개발에 상금 1억 달러를 내걸었다.
ⓒ일론 머스크 트위터

    엑스프라이즈 재단은 그동안 우주여행, 발사체, 달 탐사 등 다양한
주제의 경연대회를 통해 기술 발전에 크게 기여해 왔다는 평가를 받
고 있다. 과학기술계를 비롯한 산업계가 머스크의 경연대회에 큰 기
대를 걸고 있는 이유이기도 하다. 전 세계 많은 국가와 기업들이 친
환경 패러다임에 따라 '탄소 중립', 즉 탄소 배출량을 '0'으로 가져가
는 목표를 추진하고 있는 상황에서 탄소 포집은 애타게, 또한 간절하
게 개발되기를 바라는 기술로 꼽힌다. 국제에너지기구(IEA)는 2020
년 9월 발간한 '에너지기술 전망' 보고서에서 "이산화탄소 포집 기술

없이는 온실가스 배출량 제로에 도전하는 것이 불가능하다"고 전망하기도 했다. 지구를 지키기 위한 인류의 도전은 성공할 수 있을까?

문제는 에너지

이산화탄소 포집 기술은 일반적으로 '이산화탄소 포집, 활용, 저장(CCUS, Carbon Capture, Utilization and Storage)'을 의미한다. 말 그대로 탄소가 배출되는 곳에서 탄소를 포집해 활용하거나 저장하여 인류가 내뿜는 이산화탄소량을 줄이는 기술이다. 언뜻 쉬워 보이지만 그렇지 않다. CCUS 기술은 1972년, 미국 발베르데 천연가스 발전소에서 활용되기 시작한 것으로 알려졌는데, 60년 가까이 지났지만 아직 기술적으로는 초기 단계로 분류된다. 비용 문제가 가장 큰 걸림돌이다.

중학교 과학3 교과서 '화학반응의 규칙과 에너지 변화' 단원에서는 화학반응이 일어날 때의 규칙에 대해 배운다. 먼저 화학반응이란 종이를 태우거나 흰색 설탕을 가열했을 때 갈색으로 변하는 것처럼 '어떤 물질이 전혀 다른 성질의 새로운 물질로 바뀌는 변화'를 뜻한다. 물질이 변할 때 질량은 변하지 않으며 원자의 배열이 달라지면서 새로운 물질이 만들어진다. 예를 들어 탄산나트륨(Na_2CO_3)과 염화칼슘($CaCl_2$)을 섞으면 물에 잘 녹지 않는 앙금인 탄산칼슘($CaCO_3$)이 만

들어진다. 그리고 나트륨(Na)과 염소(Cl)가 만나 염화나트륨(NaCl)을 형성한다.

고등학교 통합과학의 '화학변화' 단원에서는 우리가 실제로 사용하고 있는 연료를 에너지로 사용할 때의 화학식에 대해서 배운다. 가정에서 주로 사용하는(가스레인지) 도시가스는 '메테인'이라고 하는데, 탄소 1개와 수소 4개로 이루어져 있다(CH_4). 가스레인지를 켜면 메테인이 흘러나오는데 여기에 불꽃을 튀겨주면(에너지를 받아서) 산소와 만나면서 불이 켜진다. 불이 만들어지는 과정에서 공기 중 산소(O_2)와 만나 두 개의 물 분자와 1개의 이산화탄소 분자(CO_2)가 만들어진다.

인류가 에너지를 얻기 위해서는 석유, 즉 '탄소(C)'가 복잡하게 얽혀있는 일종의 유기물(탄소 골격을 갖고 있으며 생명체와 밀접한 관계를 가진 물질)을 사용하는 만큼 에너지를 만들어낸 뒤에도 탄소는 그대로 남는다. 이 탄소를 다시 화학반응을 일으켜 다른 물질로 만들기 위해서는 '에너지'가 필요하다. 예를 들어 물(H_2O)이 수소 원자 두 개와 산소 원자 한 개가 결합해 있는 만큼 이를 수소와 산소로 쪼갤 수 있는데, 이를 위해서는 '전기분해'라는 방식으로 전기, 즉 에너지를 가해줘야만 반응을 유도해 낼 수가 있는 것이다. CCUS가 어려운 이유가 바로 여기에 있다. 인류가 에너지를 만드는 과정에서 탄소를 반드시 사용할 수밖에 없는데, 이 탄소를 인류에 유해하지 않은 다른 물질로 바꾸기 위해 화학변화를 유도하려면 에너지, 즉 돈이 필요하다. 만약 경제성 따위 고려하지 않고 에너지를 왕창 넣어 탄소를 포집하는 방식을 고려한다면, 매월 우리가 내야 하는 전기세는 지금보다 수십 배 이상 뛸 것이 확실하다. 사실상 삶이 불가능해진다는 얘기다.

탄소를 포집하는 방법

인류는 화학 공정 시 발생하는 기체 중 탄소만을 골라내 이를 땅속에 저장하는 방식으로 CCUS 기술을 활용하고 있다. 앞서 이야기했듯이 석탄이나 천연가스 발전소를 비롯한 제철소, 정유 공장 등에서는 공정 과정에서 탄소가 산소와 만나 이산화탄소가 발생하는데, 여기서 발생한 이산화탄소를 그냥 대기 중으로 내뿜는 것이 아니라 따로 모아서 활용하려는 것이다. CCUS의 가장 첫 번째 단계, 이산화탄소 포집이다.

포집 단계는 크게 '연소 전 처리'와 '연소 후 처리'로 나뉜다. 연소 전 처리는 수소와 탄소가 섞여 있는 탄소화합물을 반응시키기 전에 탄소를 분리해 내고, 수소만 남겨 연소시키는 방식이다. 예를 들어 석탄이나 가스를 연소시키기 전에 일산화탄소(CO)와 수소가 섞인 가스로 만든다. 여기서 일산화탄소는 골라내고 수소만 연소시킨다.

연소 후 처리는 화학 공정이 끝난 뒤 발생한 부산물 중에서 이산화탄소만 골라내는 기술이다. CCUS 공정에서 제일 많이 활용되고 있다. 이산화탄소만 골라내기 위해 '흡수제' 또는 '흡착제'를 사용하는

데, 역시 돈이 든다. 일반적으로 석유화학 공장에 이산화탄소 포집 장치를 설치하면 전력 생산 비용이 적게는 30%, 많게는 60% 정도 증가한다고 알려져 있다.

분리해 낸 이산화탄소는 다양한 곳에 활용될 수 있다. 드라이아이스를 만들 수도 있고 탄소만 따로 떼어낼 경우에는 의약품을 비롯해 작물 재배, 건설 소재 등으로도 활용이 가능하다. 플라스틱의 원료로 쓸 수도 있다.

이산화탄소 포집 기술 개념도
배기가스 중 이산화탄소만을 떼어내 땅속에 저장하거나,
유용한 자원으로 재활용한다.

다만, 화학 공정 과정에서 발생하는 이산화탄소의 양이 상당하기 때문에 일부 활용할 수 있다 하더라도 대부분은 대기 중으로 방출될 수밖에 없다. 이를 막기 위해 미국을 중심으로 이산화탄소를 땅속에 저장하는 방안이 실제 추진되고 있다. 미국의 정유사들은 대부분 돈을 주고 이산화탄소를 구입하고 있는데, 이유는 땅속 깊은 곳에 있는 가스나 원유를 뽑아낼 때 활용하기 위해서다. 땅속에 기다란 호스를 꽂은 뒤 이산화탄소를 강하게 밀어 넣으면 그 압력으로 땅속에 있던 가스와 원유가 밖으로 흘러나온다. 기존에는 주로 물을 넣었는데 이산화탄소를 활용하게 되면 대기 중으로 배출되는 탄소의 양을 줄이면서 원유를 얻을 수 있는 만큼 1석2조의 효과를 얻을 수 있다. 그러나 이 방식은 물을 넣었을 때와 마찬가지로 땅속에 있는 단층에 영향을 미쳐 지진을 유발할 수 있다는 우려도 나온다.

광합성을 모방할 수만 있다면

이처럼 이산화탄소를 포집하고 땅속에 가두거나 다른 유용한 재료로 활용하기 위한 인류의 노력은 끊임없이 이어지고 있다. 하지만 놀랍게도 이를 아무렇지도 않게 하는 생물이 있다. 바로 식물이다. 식물은 대기 중 이산화탄소를 흡수하고 산소를 내뿜는다. 인류가 수시로 나무를 심고 자연 보호 캠페인을 벌이고 있는 이유다.

광합성은 식물이 지구상에서 수억 년 동안 진화하면서 만들어낸 최고의 에너지 생산 기술이다. 이를 알고 있는 과학자들은 수십 년 전부터 식물의 기능을 인공적으로 재현하기 위한 연구를 진행하고 있다. 이른바 '인공광합성' 기술이다.

중학교 과학2 교과서 '식물과 에너지' 단원에 처음 광합성이 등장한다. 광합성은 식물이 빛에너지를 이용해 스스로 양분을 만들어내는 과정을 뜻한다. 동물의 호흡과 반대되는 과정을 수행하는 만큼 광합성을 잎의 마술이라 부르기도 한다.

식물의 잎을 현미경으로 관찰하면 초록색의 작은 알갱이를 볼 수 있는데 이를 엽록체라고 한다. 엽록체 안에는 엽록소라 불리는 초록색 색소가 들어있다. 잎이 초록색을 띄는 이유다. 이 엽록소가 광합성에 필요한 빛에너지를 흡수하는 역할을 한다. 엽록소는 빛을 받아 포도당을 만들고, 이 포도당은 녹말로 바뀌어 엽록체에 저장된다. 광합성은 빛의 세기, 이산화탄소 농도에 비례한다. 다만 빛의 세기와 이산화탄소 농도가 어느 정도 이상이 되면 광합성 양은 더 이상 증가하지 않고 일정하게 유지된다. 온도 또한 광합성 양을 증가시키는 요인이지만 어느 정도 이상이 되면 감소한다.

식물이 이산화탄소와 물을 이용해 산소를 만든다는 사실은 18세기 말부터 알려졌지만, 포도당을 만드는 광합성 전체 과정이 밝혀진 것은 1945년 미국의 화학자 멜빈 캘빈 박사의 몫이었다. 1961년에 그는 이 공로를 인정받아 노벨 화학상을 수상했다. 이후부터 인공광

식물은 대기 중 이산화탄소를 흡수한 뒤 산소를 내뿜는다.
과학자들은 이를 모방한 '인공광합성' 기술 개발에 도전하고 있다.

합성 연구는 과학기술계의 화두였다. 광합성을 똑같이 모방할 수 있다면 이산화탄소 배출 없이도 인간에게 유용한 물질을 얼마든지 생산해낼 수 있기 때문이다. 1972년 후지시마 아키라 일본 도쿄대 교수가 전기 없이도 빛을 쪼여 물을 분해시키는 데 성공하면서 인공광합성 연구의 첫 단추를 끼웠다. 빛에 반응하여 화학반응을 유발하는

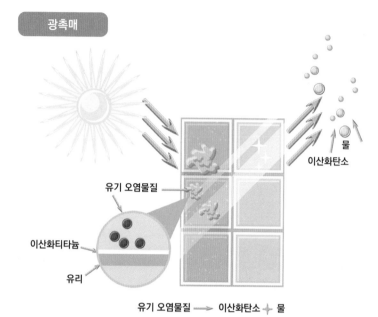

광촉매

유기 오염물질

이산화티타늄

유리

물

이산화탄소

유기 오염물질 ⟶ 이산화탄소 ＋ 물

인공광합성은 식물의 광합성을 인위적으로 재현하는 기술이다.
태양 빛을 받은 광촉매에서 전자가 뛰어오른 뒤 다시 내려가면서
에너지가 발생한다. 이 에너지가 유기 오염물질을 물과 이산화탄소로
분해하고 인간에게 유용한 탄소화합물을 만들어낸다.

'광촉매'를 발견한 것이다. 하지만 30억 년 동안 진화를 거쳐 이뤄낸
식물의 광합성을 불과 수십 년 사이에 모방하겠다는 것은 인류의 지
나친 욕심이었다. 광합성을 모방한 기술은 여전히 상용화되지 못했
다.

　인공광합성의 상용화를 막는 것은 바로 이산화탄소 포집 기술과
마찬가지로 경제성이다. 인공광합성이 상용화되려면 태양에너지를

100으로 봤을 때 만들 수 있는 물질이 10 이상은 돼야 한다. 하지만 현재 기술로는 고작 1에 불과하다. 또한 인공광합성을 통해 만들어지는 물질에 여러 가지 화합물이 섞여 있는 것도 해결해야 할 과제다. 이를 유용하게 사용하려면 역시 에너지가 필요하다. 세상에 공짜는 없다.

수소는 미래의 에너지원이 될 수 있을까?

"무한한 수소가 청정에너지로."

"수소, 우주의 75%를 차지하는 물질. 그 무한한 수소가 자동차의 에너지가 된다면."

수소차를 만들어 판매하고 있는 현대자동차의 광고에 등장하는 문구들이다. 깨끗하고 무한한 수소를 연료로 활용할 수 있다는 이 광고는, 탄소 중립으로 나아가기 위해서는 수소를 에너지원으로 활용하는 '수소 경제'가 반드시 필요하다는 메시지를 담고 있다. 틀린 말은 아니다. 하지만 넘어야 할 산이 너무도 많다. 이 광고 문구들 또한 틀린 말은 아닌데, 과한 '설정'이 담겨 있다.

과학 교과서에 등장하는 수소의 특징은 무색무취의 가벼운 원소다. 원자번호가 1번인 만큼 주기율표를 외울 때 가장 먼저 등장하는 친구이기도 하다. 수소를 에너지로 활용하는 방법은 정말 간단하다.

수소를 산소와 만나게 하면 된다. 이 과정은 중학교 과학3 '물질의 변화와 화학반응식' 단원에서 자세히 다루고 있다. 수소와 산소를 반응시키면 수소는 전자를 잃고 수소이온이 된다. 여기서 발생한 전자가 회로를 통해 이동하면서 전구에 불이 들어온다. 즉 에너지가 만들어진다. 그리고 수소이온과 산소이온이 만나 물이 만들어진다. 전기가 만들어졌는데 환경에 해를 끼치지 않는 '물'이 만들어진 셈이다. 이를 화학반응식으로 표기하면 이렇게 된다. $2H_2 + O_2 -> 2H_2O$.

이 반응식에 필요한 산소는 공기 중에 충분히 존재한다. 문제는 수소다. 완성차 업체의 광고처럼 수소는 무한하다. 그런데 구하기가 어렵다. 우리 주변에 있는 수소는 대부분 탄소, 질소, 산소와 결합된 상태로 존재한다. 수소는 가장 가벼운 원소인 만큼 기체 상태의 수소는 이미 우주 밖으로 날아가 버렸다. 다른 원소와 결합해 안정한 상태로 존재하는 '분자'에서 수소를 떼어내려면 역시 에너지가 필요하다. 친환경 연료인 수소를 얻기 위해서는 또 다른 에너지를 투입해야 한다는 얘기다.

이번엔 우주로 가보자. 우주의 75%는 수소가 맞다. 하지만 그 수소를 우리는 얻을 수 없다. 우주에 수소가 많은 이유는 태양, 즉 별의 90%가 수소로 이루어져 있기 때문이다. 첨단 로켓을 개발해 우주로 쏘아 올린다 하더라도 표면 온도가 6000만 도에 가까운 태양 근처에 가면 녹아버리고 만다. 수소는 많은데 우리는 이를 활용할 수가 없다.

수소를 얻을 수 있는 방법은 크게 두 가지가 있다. 탄소와 결합해

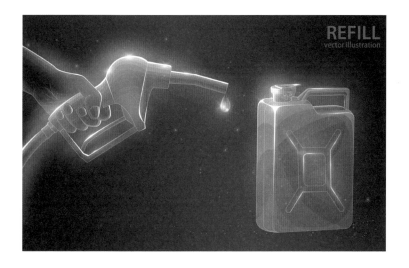

있는 수소, 즉 탄화수소를 깨서 얻는 방법이다. 우리 주변에 있는 탄화수소는 원유와 가스다. 이를 정제하는 과정에서 수소를 따로 분리해 낼 수 있다. 이를 '개질수소'라고 한다. 문제는 이 과정에서 수소와 분리된 탄소는 산소와 결합해 이산화탄소가 된다. 즉 청정 연료인 수소를 얻는 과정에서 이산화탄소가 발생하는 역설이 생겨버린다.

두 번째로 얻을 수 있는 방식은 물을 전기분해하는 것이다. 여기에도 역시 에너지가 필요하다. 태양광, 수력 발전 등 신재생에너지에서 얻은 전기를 이용해 물을 분해하면 수소를 얻는 것도 가능하다. 이 과정은 친환경적인 방식이다. 그런데 굳이 그럴 필요가 없다. 신재생에너지로 확보한 에너지는 그냥 전기로 사용하면 된다. 이 전기를 수소 만드는 데 사용하면 효율이 급격히 떨어진다. 즉 태양에너지로 얻은 에너지가 100이라고 가정하면, 이를 다시 물의 전기분해에 사용할 경우 우리가 사용할 수 있는 전기의 양은 100이 아니라 40, 50으로 줄게 된다. 따라서 신재생에너지로 얻은 전기를 이용해 굳이 수소를 만들 필요가 없는 것이다.

게다가 수소는 부피가 크다. 수소를 에너지원으로 사용하려면 '기름'처럼 액체로 만드는 게 유리하다. 기체수소 800리터를 액체로 만들면 부피는 1리터로 줄어든다. 그런데 문제가 있다. 수소의 끓는점, 즉 기체를 액체로 바꾸는 온도가 영하 253도라는 점이다. 드라이아이스 수백 개를 넣는다고 기온이 영하 253도로 떨어지지 않는다. 이 기술을 확보했다 하더라도 만약 문제가 생겨서 온도가 영하 252도, 영하 251도로만 올라가도 액체였던 수소가 빠르게 기체로 바뀌면서 부피가 팽창하고 이는 폭발로 이어진다.

냉정하게 바라봤을 때, 수소를 에너지원으로 활용하려는 시도는 아직 초기 단계에 머물고 있다. 수소를 생산하고 다룰 수 있는 기술과, 탄소 발생 없이 수소를 만들기 위한 전기. 이 두 가지가 해결되지 않으면 수소 경제의 도래는 쉽지 않다.

하지만 최근 뉴스를 보면 삼성을 제외한 현대차, SK, 포스코, 롯데, 효성 등 한국을 대표하는 대기업들이 앞다퉈 수소에 대한 투자를 확대하고 있다. 이유는 명확하다. 많은 국가가 탄소 중립을 외치고 있는 상황에서 대안이 딱히 보이지 않기 때문이다. 언젠가 열릴 시장을 확보하기 위해 미리 투자해 선점하겠다는 의도로 볼 수 있다. 하

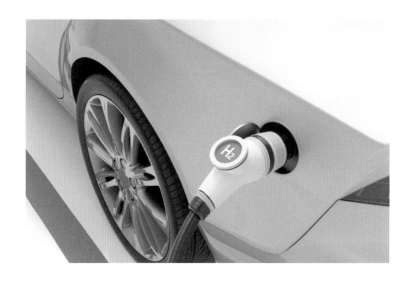

긴 해야겠는데 불확실하다 보니 기업들 사이의 합종연횡도 이어지고 있다. 국내 기업이 해외 기업에 지분 투자를 하거나 제휴를 맺는 것도 같은 맥락이다. 효성은 독일 린데그룹과, 포스코는 덴마크 오스테드, 현대오일뱅크는 미국 에어프로덕츠, SK그룹은 미국 플러그파워 등과 손잡았다. 모두 수소 관련 사업을 하고 있거나 기술을 확보했다고 알려진 기업들이다. 물론 기술은 있지만 그것이 상용화 수준이 가능한지는 두고 봐야 한다. 수소를 에너지원으로 활용하겠다는 국내 기업들의 도전이 결실을 맺기 위한 방안은 명확하다. 경제성이 없는 현 상황을, 경제성이 있도록 만들기 위해서는 기술개발에 대한 투자 외에는 답이 없다.

50억 톤(t)의 탄소

화석연료로 에너지를 얻은 과정에서 나오는 탄소의 무게는 지난 2010~2019년을 기준으로 연평균 94억 t에 이른다. 여기에 숲이 파괴되면서 발생하는 탄소가 매년 16억 t. 즉 매년 지구에서는 110억 t의 탄소가 배출되고 있다. 하지만 식물 광합성으로 육지에서 포집하는 탄소는 34억 t에 불과하다.

플랑크톤의 광합성으로 바닷가에서 포집되는 탄소는 25억 t. 인류가 CCUS로 포집하는 탄소의 양은 연 4000만 t, 즉 0.4억 t에 불과하다. 매년 최소 51억 t의 탄소가 대기 중으로 흘러가고 있는 셈이다. 이 51억 t을 '0'으로 만들어야 인류는 '탄소 제로'에 도달할 수 있다.

험난한 여정이지만 인류는 도전을 멈추지 않고 있다. 탄소 중립을 위해서는 딱히 다른 방안이 없는 만큼 앞으로 CCUS 기술에는 각국에서 천문학적인 돈을 투자할 수밖에 없다. 일론 머스크가 1억 달러 상금을 내건 것처럼 이 기술을 확보한 기업, 국가, 연구자는 더 나은 세상으로 가는 선두주자가 될 수 있다. 국제학술지 '사이언스'가 2021년 3월 CCUS 기술을 소개하며 발표한 자료에 따르면, 현재 이산화탄소 포집량이 4000만 t에 불과하지만 지금 전 세계에서 지어지고 있는 실증설비가 완공되면 연간 포집량은 1억 4000만 t으로 늘어난다고 한다. CCUS를 다루는 기술을 기반으로 한 벤처기업도 실리콘밸리를 중심으로 무수히 많이 탄생하고 있다.

탄소발자국은 상품을 만들고 쓰고 버리는 과정에서
나오는 이산화탄소의 양을 뜻하는 말이다.

어쩔 수 없이 해야만 하는 분야인 만큼 CCUS는 향후 수십 년간 '일자리'와 '보상'이 보장된 연구 분야다. 이 글을 쓰고 있는 기자는 늦었지만 학생들에겐 블루오션처럼 열려 있다. 수소 또한 마찬가지다. 불가능해 보이지만 사람과 돈이 몰리고 있다. 국내 대기업 및 계열사 31개사가 향후 5~10년 동안 수소 분야에 투자하겠다는 규모는 무려 43조 원에 달한다.

6

게임 체인저,
전고체전지를 잡아라!

제 2의 반도체, 이차전지

- **중학교 과학 1** - 에너지 전환과 보존
- **중학교 과학 2** - 전기와 자기(전기)
- **고등학교 통합과학** - 화학변화(산화와 환원)

1936년, 이라크의 수도 바그다드에서 높이 15cm의 작은 토기가 발견됐다. 탄소 연대 측정 결과 약 2000년 전 만들어진 것으로 밝혀졌다. 맨 처음 발견됐을 때만 해도 아주 오랜 옛날, 문명의 중심지였던 메소포타미아 지역 사람들이 사용하던 토기라고만 생각했다.

하지만 1940년, 이라크 국립박물관의 디렉터인 빌헬름 코닝의 한마디로 이 토기는 전 세계의 주목을 받게 된다.

"이건 고대의 배터리입니다. 이 배터리를 이용해 옛날 사람들은 전기도금(고체에 얇은 막을 씌우는 것)을 한 것 같습니다."

이른바 '바그다드전지'의 출현이다. 바그다드전지는 흙으로 만든 토기 안에 둥글게 만 구리가, 그 안에는 둥글게 만 철이 들어있었다.

구리판이 양극, 철이 음극 역할을 했고 전해액으로는 식초를 사용한 것으로 추정된다. 2000년 전 바그다드 사람들은 과연 이 전지로 무슨 일을 했을까?

1936년 이라크 수도 바그다드에서 발견된 바그다드전지.
2000년 전 만들어진 이 토기는 세계 최초의 배터리로 알려져 있다.

1940년 이후 많은 과학자들이 바그다드전지와 똑같이 만든 토기를 이용해 전력을 생산하는 데 성공했다. 물론 그렇게 만든 전력은 전구 하나를 겨우 켤 수 있는 수준이었다.

바그다드전지의 사용처는 아직 미스테리로 남아있다. 과학자들은 당시 사람들이 바그다드전지를 이용한 '산화 환원 반응'으로 금에 얇은 막을 씌우는 데 사용했을 것으로 추정하고 있을 뿐이다.

이차전지의 원리

2010년대 후반부터 배터리(이차전지)는 제 2의 반도체라는 닉네임과 함께 전 세계 기업들의 관심을 받고 있다. 전자기기 수요가 그 어느 때보다 많아지고 기능이 다양해지면서 이차전지는 없어서는 안 될 필수품이 되어 버렸다. 전자기기에 반도체가 가득 차 있듯, 우리가 일상생활에서 쓰는 모든 전자기기에 배터리가 탑재돼 있다. 전선이 달린 전자기기는 소비자의 선택을 받기 힘든 시대가 됐다.

이차전지가 들어가는 가장 큰 시장으로 급부상 중인 분야가 바로 전기자동차 산업이다. 현재 길거리에 운행 중인 자동차 100대 중 전기자동차는 4대 정도에 불과하지만 2030년 무렵이 되면 100대 중 30여 대가 전기차로 전환될 것으로 전망된다. "겨우 30%?"라고 할지 모른다. 하지만 석유를 넣고 달리는 내연기관 자동차가 처음 출연한 것

현대자동차가 출시한 전기차 아이오닉5
2021년 전 세계 시장에서 판매된 전기차는 약 650만대로 추정된다. ⓒ현대자동차

이 1880년대였다. 150년 가까이 도로를 점령하던 내연기관 자동차가 향후 10년 사이 30% 넘게 사라진다고 생각하면 전기자동차 산업의 성장 속도는 상당히 빠르다. 이렇듯 인류의 생활을 점령할 이차전지, 그렇다면 이차전지의 작동 원리는 무엇일까?

먼저 이차전지가 만들어내는 '전기'에 대한 설명이 필요하다. 중학교 과학2 교과서 '전기' 단원에서는 풍선을 머리에 문질렀을 때 머리카락이 풍선에 붙는 '정전기 효과'로 전기를 설명하고 있다. 겨울에 옷을 벗을 때 '지지직'하는 소리가 나며 따끔거리거나 미끄럼틀을 타고 나면 머리카락이 하늘로 솟아오르는 것 모두 정전기 현상이다. 이를 이해하기 위해서는 먼저 원자 구조를 살펴봐야 한다. 원자는 (+)전하를 띤 원자핵과 (-)전하를 띤 전자로 이루어져 있다. 평상시에는 원자핵의 전하량과 전자의 전하량이 같아 전기적으로 '중성'이다. 그런데 서로 다른 두 물체를 문지르면 한 물체에서 다른 물체로 전자가 이동한다. 전자를 잃은 쪽은 원자핵이 남아 (+)전하를 띠고, 전자를 받은 곳은 (-)전하를 띤다. 이렇게 (+), (-)를 띠는 상태를 '전기를 띤다'고 표현한다. 정전기 현상은 마찰에 의해 일어난 만큼 마찰전기라 부르기도 한다.

앞서 이야기한 '전하'는 금속과 같은 도체를 따라 이동할 수 있는데, 이 같은 전하의 흐름을 '전류'라고 부른다. 전류가 계속 흐르게 하려면 끊임없이 전하를 움직이게 할 수 있는 '전지'가 필요하다. 전기 회로에서 전자는 전지의 (-)극에서 (+)극으로 이동한다. 전자의 존재를 몰랐을 때 과학자들은 전류가 전지의 (+)극에서 (-)극으로 흐른다고 생각했다. 전자가 발견된 뒤에 전류는 전자에 의해서 만들어진다는 것을 알게 됐지만 과거 과학자들이 전류가 (+)에서 (-)로 흐른다고 정의해 여전히 이 같은 표현을 그대로 사용한다(정확히 이야기하면 전류는 전자의 흐름인 만큼 (-)에서 (+)로 이동하는 것이 맞다). 전류의 흐름을 만들어내는 압력을 '전압'이라고 표현한다. 이 전압을 가지고 있는 것이 전지다.

이차전지는 충·방전이 가능한 전지를 뜻한다. 이차전지의 원리에 대하여 정확히 이해하려면 고등학교 통합과학 '산화와 환원' 단원에 대한 이해부터 필요하다. 어떤 물질이 산소를 얻으면 '산화', 잃으면 '환원'이라고 한다. 산화 환원 반응을 전자의 이동으로도 설명할 수 있는데, 산화되는 물질은 전자를 잃고 환원되는 물질은 전자를 얻는다. 즉, 산소를 얻는 반응인 산화는 전자를 잃는 반응이며, 산소를 잃는 환원은 전자를 얻는 반응이다. 산화 환원 반응은 동시에 일어난다.

조금 더 상세하게 이야기하면, 황산구리 수용액에 아연을 넣으면 아연판 표면에서 구리가 석출된다. 이는 아연이 전자를 잃고 아연이온(Zn^{2+})이 되면서 수용액으로 녹아들어 가고, 수용액 속에 있던 구리이온(Cu^{2+})은 전자를 얻어 구리가 되기 때문이다.

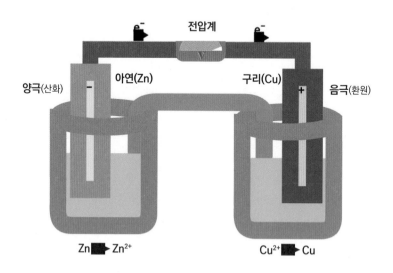

이제 이 반응을 '아연 막대'와 '구리 막대'로 바꿔보자. 소금물이 담긴 비커 안에 아연 막대와 구리 막대를 놓고 서로 전선을 연결한 뒤 전구를 꽂으면 불이 들어온다. 반응성이 큰 아연은 전자를 내놓고, 여기서 나온 전자가 구리로 흘러 들어간다. 아연은 전자를 잃어 '아연이온'이 돼 소금물로 흘러 들어가고, 여기서 발생한 전자는 전선을 따라 구리로 이동한다. 구리로 간 전자는 소금물에 있는 수소이온과 만나 '수소기체'가 된다. 여기서 아연은 '음극'이 되고 구리는 '양극'이, 소금물은 '전해질'이 된다. 이차전지는 이처럼 금속의 반응성을 이용해 전압을 만들고, 이를 활용해 전류를 만들어낸다.

사용 시간 늘려주는 양극, 수명 좌우하는 음극

스마트폰, 노트북을 비롯해 여름철 들고 다니는 휴대용 선풍기와 같은 전자기기에는 모두 산화 환원 반응이 이뤄지는 이차전지가 들어있다. 전기자동차, 스마트폰 등에 내장된 이차전지는 리튬 기반으로 설계된 만큼 '리튬이차전지'라고 부른다. 앞서 이야기했듯이 충·방전이 가능한 전지를 만들기 위해서는 반응성에 차이가 있는 두 개 이상의 금속을 양극, 음극으로 사용하는데 이 중 가장 효율적인 원소가 바로 리튬이다. 충전식 배터리의 대표격인 '납축전지'의 경우 납을 사용하는데 너무 무거운 것이 단점으로 꼽힌다. 리튬이온은 작고

가벼워 빠르게 움직일 수 있는 만큼 충·방전이 빠르고 안정적이라 다른 이차전지를 제치고 지금의 지위를 차지했다.

이러한 리튬이차전지를 작동하게끔 하는 4가지 요소가 있는데 앞서 언급했던 양극, 음극, 전해액, 그리고 분리막이다. 이 가운데 한 개라도 빠지면 배터리는 충·방전이 이루어지지 않는다.

이차전지 양극에는 리튬이 가득 차 있다. 이차전지에 전원 케이블을 연결하면(노트북에 어댑터를 연결해 콘센트에 꽂은 상황) 불이 들어오는데, 이때 리튬이 전자를 잃고 리튬이온(Li^+)이 된다. 여기서 발생한 전자는 전선을 타고 음극으로 이동한다. 리튬이온은 전해액을 통해 음극으로 이동한다. 양극에 있던 리튬이온과 전자가 모두 음극으로 이동하면 충전이 된 상태다. 분리막은 충·방전 과정에서 양극과 음극을 만나지 않게 하면서 이온이 잘 움직일 수 있도록 돕는 역할을 한다.

우리가 전자기기를 사용할 때는 '방전'되는 상태다. 음극에 있던 리튬이온과 전자가 양극으로 이동하는 과정이다. 역시 리튬이온은 전해액을 통해서, 전자는 전선을 통해 양극으로 이동한다. 전자가 전선을 통해 이동하면서 전류를 만들어내는 만큼 전자기기가 작동할 수 있게 된다. 복잡하지만, 방전 시 음극에서는 산화 반응(전자를 잃음)이, 양극은 환원 반응(전자를 얻음)이 일어난다.

전기자동차 배터리를 중심으로 각 소재의 역할을 더 살펴보자.

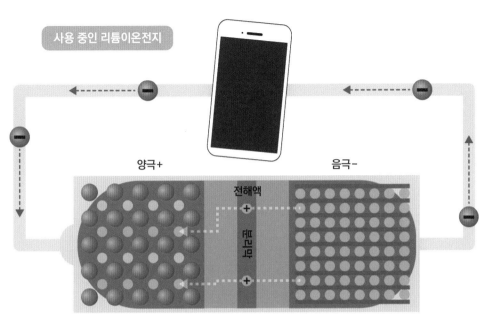

양극+

음극-

전해액

분리막

리튬이온은 전해액을 통해 이동하고,
전자는 외부 전선을 따라 이동한다.

먼저 사용 시간, 즉 주행거리(용량)를 결정짓는 핵심적 소재는 양극이다. 리튬이온이 이동함에 따라 전류가 생성되는 만큼 양극이 리튬을 가득 품고 있어야 보다 많은 전류가 흐르고, 한번 충전해도 오랜 시간 활용이 가능하다. 현재 이차전지 양극에는 리튬 외에 니켈, 망간, 코발트, 알루미늄 등을 넣어 안전성, 출력 등을 향상시키고 있다. 언론에서 자주 등장하는 'NCM' 배터리는 양극재에 니켈(Ni)과 코발트(Co), 망간(Mn)이 들어있다.

이차전지의 수명은 충·방전을 얼마나 많이 할 수 있느냐로 설명한다. 스마트폰을 처음 샀을 때는 충전을 하지 않아도 하루종일 혹은 그 이상도 사용할 수 있었지만 시간이 지날수록 수시로 충전하지 않으면 전원이 꺼지는 일이 발생하는데, 이는 수명이 짧아져서 발생하는 현상이다. 이차전지 수명에 가장 큰 영향을 미치는 소재는 음극이다. 현재 이차전지의 음극 소재로는 '흑연'이 사용된다. 연필심을 갈아 넣은 형태라고 보면 된다. 리튬이온이 양극에서 음극으로 이동할 때(충전) 리튬이온은 흑연의 층 사이에 저장된다. 방전될 때 빠져나갔다가 충전될 때는 다시 들어오는데, 이 과정에서 흑연의 부피는 조금씩 팽창된다(리튬이온의 크기가 흑연보다 크다). 흑연의 부피가 팽창하면서 음극 구조에 변화가 생기게 되고 결국 수명 또한 조금씩 줄어든다.

분리막은 이차전지 안전성에 가장 큰 영향을 미치는 요인으로 알려졌다. 양극과 음극이 만나면 큰 전류가 흐르는 '쇼트(단락)'가 발생한다. 이때 불꽃이 일거나 전지 내부가 상당히 뜨거워지면서 화재로 이어지는 경우가 생기는데, 분리막이 양극과 음극을 서로 갈라놓는 역할을 한다. 또한 분리막은 전해질 속에서 이온의 이동을 원활하게 도와줘야 하는 만큼 눈에 보이지 않는 작은 구멍이 뚫려있다. 전해액은 양극과 음극이 이동하는 통로 역할을 한다.

게임 체인저, 전고체전지

최근 이차전지가 주목받으면서 차세대 전지로 꼽히는 '전고체배터리' 상용화에 대한 기대감이 높아지고 있다. 잊을 만하면 한 번씩 충전 중이던 전기자동차에서 화재가 발생하면서 안전성 측면에서 월등히 뛰어나다는 전고체배터리에 거는 기대가 상당하다.

전고체배터리란 이름에 있는 '고체'라는 단어에서 알 수 있듯이 단단한 고체로 이뤄진 전지를 뜻한다. 현재 이차전지에서 화재가 발생하는 원인으로는 양극과 음극의 접촉에 의한 단락이나 액체 전해질 사용에 따른 온도 상승이 꼽히는데, 양극과 음극, 전해질이 모두 고체로 이뤄진 만큼 양극과 음극이 만날 리도 없고 전해액이 새지도 않는다.

전고체배터리는 정말 '게임 체인저'가 될 수 있을까? 전고체배터리에 대해 이해하려면 이차전지의 역사를 먼저 살펴봐야 한다.

1976년 스탠리 휘팅엄 미국 빙엄턴대 교수가 처음 제안한 리튬 이차전지는 리튬을 음극으로 사용한다. 이렇게 만든 전지는 전구 하나를 겨우 켤 수 있는 수준에 불과했다. 이후 존 구디너프 미국 텍사스 오스틴대 교수가 양극 물질로 '리튬전이금속산화물'을 쓰면 전압을 높일 수 있음을 확인했다.

다만 한계가 있었다. 물리적 충격을 받았을 때 리튬이 변형되거나 녹으며 단락이 발생했고 폭발로 이어졌다. 충·방전이 계속되다 보면

금속에서 나뭇가지와 같은 '리튬 덴드라이트(수지)'가 만들어졌고 이
것이 양극과 음극을 만나게 하면서 역시 단락이 발생했다. 1988년 캐
나다 배터리 기업 '몰리 에너지'가 리튬 금속을 음극으로 활용한 전
지를 휴대전화에 넣었다가 폭발한 사건이 대표적이다.

　이후 학계는 이차전지의 안전성 확보를 위해 두 갈래 길로 나뉘었
다. 미국과 유럽은 리튬 금속을 그대로 사용하면서 전해질을 고체 상
태의 '난연성(불이 붙어도 연소가 되지 않는 성질)' 물질로 대체하는 방법
을 택했다. 당시 명칭으로 리튬(금속) 폴리머배터리로 지금 우리가 이

야기하는 전고체배터리다.

반면 일본은 이차전지 내에서 금속 리튬을 제거하고, 탄소 기반 물질을 음극으로 활용해 리튬을 이온 형태로 존재하게 함으로써 리튬이온 전지 상용화에 성공한다. 후자를 성공시킨 사람이 요시노 아키라 일본 메이조대 교수다. 아키라 교수는 휘팅엄, 구디너프 교수와 함께 리튬이온 이차전지 상용화 공로를 인정받아 2019년 노벨 화학상을 수상했다.

이차전지 안전성을 확보하는 과정에서 미국과 유럽, 일본의 대응방식은 현재 리튬이차전지의 시장 판도를 그대로 보여준다. 파나소닉, 소니에너지텍, 산요전기를 중심으로 한 일본은 리튬이차전지 상용화와 함께 이차전지 분야 세계 최고 기업이 됐다. 한국도 이 길에올라탔다.

반면 미국과 유럽 배터리 기업들은 30년 전 전고체배터리 개발에나섰다가 실패하면서 이차전지 시장에서 자취를 감췄다. 현재 일본과 한국, 그리고 빠르게 성장한 중국이 세계 이차전지 시장을 제패하고 있는 이유다. 전고체배터리는 최근 나타난 새로운 개념의 이차전지라기보다는 미국과 유럽이 30년 전 실패했던 전지다.

이차전지 시장이 커지고 경쟁이 심화되면서 최근 도요타, BMW, 폭스바겐 등 글로벌 자동차 제조사들은 2020년대 후반기를 점치며전고체배터리를 적용한 전기자동차 출시를 예고하고 있다. 배터리기업인 한국의 삼성SDI도 2027년 전고체배터리를 출시한다는 계획을 발표했다.

전고체배터리가 가지는 또 하나의 장점은 폭발이나 화재 위험성이 없는 만큼 부품 수를 줄이고 그 자리에 전지를 더 채울 수 있다는 점이다. 전지가 더 늘어나는 만큼 한번 충전으로 더 많은 거리를 이동할 수 있다. 리튬이차전지가 한번 충전으로 500~600km 이동하는 게 한계라고 한다면 전고체배터리는 이를 극복할 수 있는 대안으로 꼽힌다.

하지만 아직 해결해야 할 과제가 너무 많다. 전고체배터리가 고체로 이루어져 있는 만큼 '전자의 이동'이 액체 전해질보다 느릴 수 밖에 없다. 양극과 음극이 충·방전을 거치는 과정에서 부피가 팽창하거나 수축될 때 고체 전해질에 예기치 않은 균열이나 틈이 생길 수도 있다. 전고체배터리를 개발했다는 연구논문이 계속해서 쏟아지고 있지만, 실험실 수준의 결과일 뿐 실제 차량에 넣거나 대량생산에 성공한 것은 아니다. 업계에서는 전고체배터리의 상용화가 2020년대 후반에나 가능할 것으로 보고 있지만 이 역시 상당히 긍정적으로 평가했을 때 이야기다. 글로벌 전기차 시장을 이끌어 가는 배터리 업체들이 리튬이차전지 공장에 많은 투자를 한 상황인 만큼 10년 내에 전고체배터리와 같은 다른 전지가 이를 대체할 가능성도 낮다.

도요타의 약속

전고체전지 상용화의 어려움을 엿볼 수 있는 사례로 이웃 나라 일본의 도요타를 꼽을 수 있다. '기술의 도요타', '가장 쓸데없는 것이 도요타 걱정'이라는 말이 회자될 만큼 도요타는 세계 최고의 기술력을 보유한 기업이다. 그런 도요타가 2017년 언론에 호언장담하며 내뱉은 말이 있다. "2020년 도쿄 올림픽에서 전고체전지가 탑재된 차량을 선보이겠다." 당시 전고체전지를 개발하고 있던 과학자들도 고개를 갸우뚱할 만큼 어려운 목표였다.

2020년, 코로나19로 도쿄 올림픽이 연기되면서 도요타 또한 이 목표를 자연스럽게 2021년으로 미뤘다. 역시 우스갯소리로 "코로나19가 도요타의 자존심을 살렸다"는 말이 업계에서 나왔다. 2021년 9월, 도쿄 올림픽이 끝나고 한 달이 지난 뒤에야 도요타는 전고체전지가 탑재된 전기차를 공개했다. 하지만 실물 차량이 아닌 녹화된 영상이었다. 도요타는 이 영상을 공개하며 "지난해 촬영한 장면"이라고 부연설명까지 했다.

그 뒤 도요타는 전고체전지와 관련된 기자들의 질문에 "여전히 개발 중"이라고 말했다. 하지만 2025년 양산한다는 계획은 아직 굽히지 않았다. 2021년 9월 도요타는 전고체전지 양산과 관련해 "전고체전지를 '하이브리드차'부터 적용해 나가겠다"고 밝혔다. 이 말 역시 여러 과학자들의 고개를 갸웃거리게 했다. 하이브리드차는 기존의

일본 도요타의 전기차
도요타는 2020년 세계 최초로 전고체배터리가 탑재된 전기차를
공개했다. 전고체전지는 전해질이 고체로 이루어져 있어 현재 상용화된
이차전지와 비교했을 때 안정성이 뛰어나다. ⓒ도요타

엔진과 배터리를 함께 사용하는 차를 뜻한다. 전고체전지가 제대로
작동한다면 굳이 하이브리드차에 넣을 이유가 전혀 없다. 완성차 ·
배터리 업계에서는 현재 전고체전지에 필요한 고체 전해질 가격이
리튬이온배터리 전체보다 비싼 상황에서 전고체전지를 하이브리드
차에 넣겠다는 도요타의 선택을 두고 "아직 독자적으로 전고체전지
를 사용할 만큼 기술 성숙도가 높지 않다"고 해석하고 있다. 심지어
도요타가 말한 상용화 시기는 2025년. 단시간 내에 전고체전지 상용
화는 쉽지 않은 상황임이 분명하다.

프랑켄슈타인과 전지

바그다드전지 이후 이어진 흥미진진한 인류의 전지 역사가 하나 더 있다. 1818년, 최초의 공상과학(SF) 소설로 분류되는 〈프랑켄슈타인〉(1818)'의 탄생 비화다. 일반적으로 '프랑켄슈타인'하면 괴짜 과학자가 시신의 팔과 다리를 붙여 만들어낸 '인조인간(?)'을 떠올리는 사람이 많다(소설 '프랑켄슈타인'에 등장하는 인조인간의 이름은 없다. 프랑켄슈타인은 인조인간을 만든 과학자의 이름이다). 이 프랑켄슈타인을 쓴 작가 메리 셸리가 소설을 쓰는 데 영감을 받은 결정적인 사건이 전지와 관련이 있다.

1780년, 이탈리아 볼로냐대학의 생물학과 교수였던 루이지 갈바니는 개구리를 해부하던 중 신기한 현상을 발견했다. 목숨을 잃은 개구리 다리에 황동 철사를 댔더니 다리가 꿈틀거리는 것을 발견한 것. 1791년 갈바니는 자극을 받으면 개구리 다리에 전기가 흐르면서 근육이 움직인다고 보고 이 에너지를 '동물전기'라 이름 지었다. 동물의 신체 어딘가에 에너지가 숨어있고 이를 이용하면 죽은 사람도 살려낼 수 있을 것이라는 주장이 나오기 시작했다. 이 실험을 모태로 갈바니의 조카였던 알디니 갈바니는 사망한 사형수의 몸에 전기를 흘려주는 실험을 실제 진행하기도 했다. 당연히 시신의 표정이 일그러지거나 근육이 움직였다고 한다.

메리 셸리는 한 친구가 '갈바니즘'에 대해 이야기하는 것을 들은

뒤 꿈을 꿨고, 이 꿈을 토대로 소설 프랑켄슈타인을 썼다. 그러나 갈바니가 주장한 동물전기는 사실 틀린 가설이다. 개구리 다리 안에 에너지가 존재하는 것이 아니라, 철과 황동이라는, 반응성이 다른 두 금속과 개구리의 체액(전해액)이 만나면서 전기가 생겨났고 이것이 근육을 자극해 다리가 움직인 것이다.

뜬금없는 에피소드로 들릴지 모르지만 전 세계 산업을 이끌어 갈, 향후 수십 년 동안 성장할 일만 남은 이차전지 시장에서도 메리 셸리와 같은 꿈이 필요하다. 전고체배터리와 같이 지금의 리튬이차전지를 획기적으로 바꿀 기술이 개발된다면 세계 시장을 선도할 수 있다.

LG에너지솔루션과 삼성SDI, SK온 등 글로벌 배터리 시장을 이끌고 있는 6개 기업 중 3곳이 한국 기업인만큼 꿈을 이룰 수 있는 판도 이미 충분히 깔려있다.

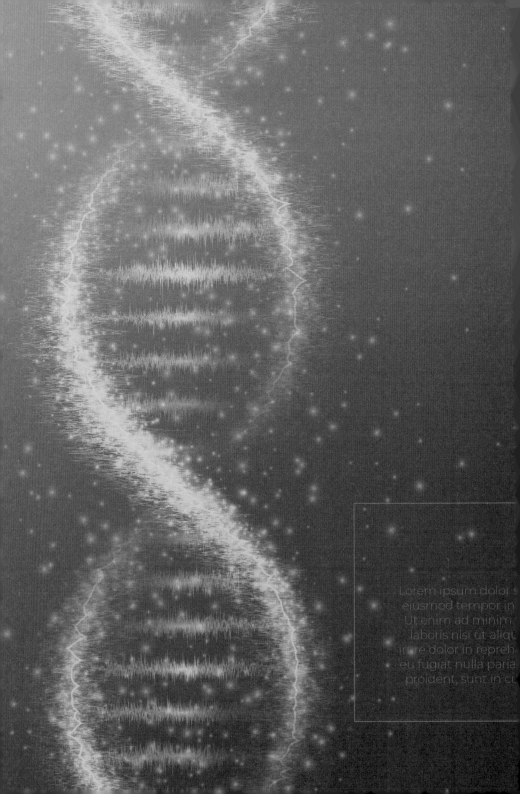

Lorem ipsum dolor s
eiusmod tempor in
Ut enim ad minim
laboris nisi ut aliqu
in re dolor in repreh
eu fugiat nulla paria
proident, sunt in cu

7

생물을 설계하는 과학

합성생물학, 유전자가위

#1

지난 2015년, 과학기술계에 흉흉한 소문이 돌기 시작했다. 아직 임상이 끝나지도 않은, 정확히 이야기하면 임상시험을 시도해 본 적도 없는 최신 기술인 유전자가위를 인간의 배아, 즉 수정란에 적용한 뒤 자궁에 착상시켰다는 내용이었다. 공상과학(SF) 영화 속에서나 볼 법한 이 소문의 진원지는 중국이었다. 그래서 더욱 "실제로 실험이 진행된 것 아니냐"는 추측들이 어지럽게 돌아다녔다.

결국 세계의 내로라하는 과학자들은 2015년 12월 "유전자가위를 인간 배아에 적용하는 연구를 중단해야 한다"는 '연구 모라토리움'을 선언했다. 이 소식은 월스트리트저널(WSJ)을 비롯해 주요 언론을 통해 전 세계로 퍼져나갔다. 소문이 돌고 3년 뒤인 2018년, 중국에서 유전자가위로 유전자가 '교정'된 아이가 태어났다. 전 세계 과학자들은 경악했다.

#2

2016년 5월, 미국 하버드대를 중심으로 인간의 DNA 전체(게놈)를 실험실에서 합성하는 비밀 프로젝트를 논의했다는 게 언론을 통해 알려졌다. 과학자를 비롯해 변호사, 기업인 150여 명이 하버드대에서 진행한 회의는 철저한 비밀로 진행됐다.

회의의 명칭은 '제 2인간게놈계획(HGP2).' 2000년대 초반 완료된 게놈프로젝트가 인간이 갖고 있는 DNA 서열 해독이 목표였다면, 이제는 합성생물학을 이용, 인류가 원하는 대로 게놈 합성을 하겠다는 의도였다. 역시 이 회의는 전 세계 과학자들로부터 큰 비난을 받

유전학자, 조지 처치 미국 하버드대 교수

았다. "DNA를 조작해 인간이 원하는 능력을 갖춘 아이를 낳으려는 것 아니냐"라는 이유였다. 이 보도가 있기 바로 직전인 2016년 3월, 인간 게놈프로젝트를 이끌었던 미국 크레이그벤터연구소(JCVI)의 연구진이 과학저널 사이언스에 "생명체가 살아가는 데 필수적인 최소한의 유전자로만 구성된 인공생명체 'JCVI-syn3.0'을 합성하는 데 성공했다"고 발표하면서 '인간은 정녕 신이 되려고 하는가'라는 비판이 제기되던 시점이었다.

2010년 이후 전 세계 생명과학계를 가장 떠들썩하게 했던 기술을 꼽으라면 빠지지 않고 등장하는 것이 유전자가위와 합성생물학이다.

두 기술을 일컬어 과학계에서는 생명과학, 공학계의 혁명이라는 찬사를 아끼지 않는다. 동시에 이 기술이 우리 사회에 미칠 영향과 파급력에 대해서는 부정적인 시각이 존재하는 것도 사실이다. 그만큼 우리의 삶에 미치는 파장이 큰 까닭이다. 인류는 이 기술을 온전히 받아들일 준비가 되었을까?

DNA와 유전자

두 기술을 이해하기 위해서는, 중학교 과학2 교과서의 '동물과 에너지' 단원에서 찾을 수 있는 세포에 대한 설명부터 해야 한다.

여러 부품이 모여서 자동차가 만들어지듯 우리 몸 또한 다양한 기관으로 이루어져 있다. 팔, 다리, 머리를 비롯해 몸속에 있는 뇌, 위, 간, 폐 같은 기관들이 하나가 되어 '사람'이 완성된다. 뇌는 10마이크로미터(㎛, 1㎛는 100만분의 1m) 크기의 신경세포로 이루어져 있고, 입 속에는 200㎛ 크기의 상피 세포가 가득 차 있다. 세포가 신경조직, 상피조직, 근육조직 등 모양과 기능이 비슷한 조직이 되고, 이 조직들이 모여 '기관'이 된다. 위, 간, 소장, 대장 등의 조직이 모여 소화기관, 심장과 폐가 모여 호흡기관이 되는 식이다. 각 기관이 유기적으로 연결돼 하나의 '개체'를 구성한다. 중학교 과학3 교과서의 '생장과 생식' 파트에서는 세포가 분열해 다음 세대로 전달될 때 일어나는 일

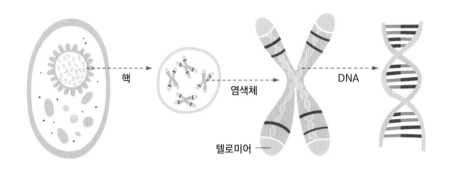

핵

염색체

DNA

텔로미어 ――

염색체는 세포의 핵 속에 실 모양으로 풀어져 있다가
세포가 분열할 때가 되면 막대 모양으로 나타난다.

을 배운다. 이 과정에서 염색체와 유전자가 등장한다. 자동차를 만들기 위한 모든 정보가 설계도에 있는 것처럼 생물의 생명 활동에 필요한 유전정보는 '염색체'에 있다. 염색체는 세포의 핵 속에 실 모양으로 풀어져 있다가 세포가 분열할 때가 되면 막대 모양으로 나타난다. 이 염색체는 DNA와 단백질로 이루어져 있다. DNA는 '유전물질'이며 DNA에 생물의 특징을 결정짓는 유전정보가 담긴 부분을 '유전자'라고 한다.

DNA는 이중나선 구조로 이루어져 있으며 아데닌(A), 구아닌(G), 시토신(C), 티민(T)이라고 불리는 4개의 염기가 끝없이 나열되어 있다. 이 끊임없는 나열 중 일부가 RNA를 거쳐 단백질을 만들어낸다. 예를 들어 DNA 염기 중 'AGGTCC'는 RNA를 거쳐 머리카락을 노랗게 하는 단백질을 만든다고 했을 때, 이 AGGTCC를 머리카락 색

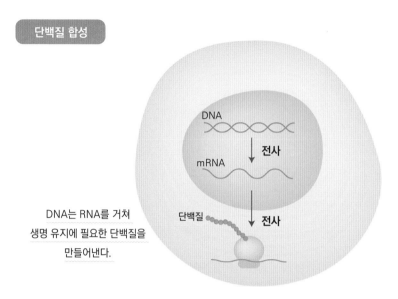

DNA는 RNA를 거쳐
생명 유지에 필요한 단백질을
만들어낸다.

에 관여하는 '유전자'라고 부른다.

고등학교 통합과학에서는 DNA를 보다 상세히 배운다. 지구상에 존재하는 모든 생물은 유전물질로 DNA를 갖고 있다. DNA에 있는 유전자가 생명현상에 필요한 단백질을 만들어내고 이를 통해 생명현상이 유지된다. 유전자로부터 단백질로 이어지는 정보의 흐름을 '생명 중심 원리'라고 부른다. DNA 속에 있는 유전자 정보가 RNA를 거쳐(전사) 단백질로 전달되는(번역) 과정을 뜻한다. 지구상에 존재하는 약 1000만 종의 생명체는 모두 DNA를 유전물질로 갖고 있다. 이러한 유전정보 전달은 지구에서 생명이 처음 나타난 이후 지금까지 모든 생물 종들이 써왔던 방식이다.

생명현상과 직결되는 이 시스템에 문제가 생겼을 때 '유전병'과 같은 질병이 발생할 수 있다. 유전자 염기서열 중 한 염기에 이상이 생기면 RNA를 거쳐 단백질을 만들어내는 과정이 진행되지 못하기 때문이다. 상처가 나면 피가 멈추지 않는 혈우병이 대표적이다. 혈우병은 혈액을 응고시키는 유전자 염기서열 일부가 뒤집혀 발생하는 질병이다.

유전자가위

유전자가위는 말 그대로 유전자를 잘라내는 도구를 뜻한다. 눈에 보이지 않는 작은 염기를 가위와 같은 도구로 자르는 것은 아니고 염기를 이용해 DNA 일부를 잘라내는 방식이다. 형태에 따라 1세대, 2세대, 3세대로 나뉘는데, 2012년 등장한 3세대 유전자가위, '크리스퍼 카스9' 등장 이후 관련 기술이 급속하게 발전하기 시작했다.

크리스퍼는 세균이 가지고 있는 DNA 염기 조각을 의미한다. 이 유전자 염기는 일정한 간격을 두고 구조가 반복된다. 즉 염기가 AGCC로 배열되면 곧바로 GGCT가 이어지는 구조다(A는 T와 연결되고 G는 C와 연결된다). 크리스퍼는 외부에서 침입한 DNA 일부를 기억해뒀다가 재침입 시 이를 잘라낸다. 2012년, UC버클리 제니퍼 다우드나 교수와 독일 막스플랑크연구소 엠마뉴엘 카펜디어 교수 공동 연구진이 크리스퍼에서 '카스9(Cas9)'이라 불리는 단백질을 찾아냈

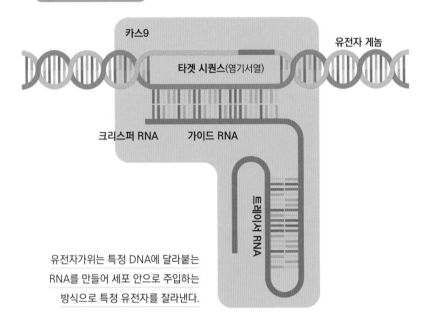

크리스퍼 카스9

카스9

유전자 게놈

타겟 시퀀스(염기서열)

크리스퍼 RNA　　가이드 RNA

트레이서 RNA

유전자가위는 특정 DNA에 달라붙는
RNA를 만들어 세포 안으로 주입하는
방식으로 특정 유전자를 잘라낸다.

다. Cas9은 크리스퍼 DNA가 RNA로 바뀌었을 때 외부에서 침투한
DNA를 자르는 역할을 한다. Cas9에 결합하는 RNA를 원하는 염기
서열로 바꿔주면 다양한 유전자를 자르거나 넣을 수 있다. 복잡한 이
문구를 간단히 설명하면, 특정 DNA와 결합하는 '가이드 RNA'를 만
든다. 여기에 Cas9을 붙인 뒤 이를 몸속에 주입한다. 세포로 들어간
'가이드 RNA+Cas9'은 가이드 RNA와 맞는 DNA와 결합한다. Cas9
이 작동하며 DNA를 자른다.

　이 기술이 세상에 드러난 이후, 식물 동물 가릴 것 없이 생물의

DNA를 잘라내는 연구가 쏟아져 나왔다. 과학자들은 기다렸다는 듯 유전자를 교정해 지금까지 세상에 없던 개체들을 만들어냈다. 과장 섞인 말이긴 하지만 "생명공학 지식이 있는 사람이라면 누구나 손쉽게 유전자가위를 활용할 수 있게 됐다"는 말까지 나왔다. 그만큼 활용이 간편해졌다는 뜻이다.

예를 들어 유전자가위를 이용해 병충해에 약한 DNA를 제거하거나 가뭄에 잘 견디는 유전자를 강화시킬 수 있다면 농작물 생산량을 급격히 높일 수 있다. 유전자를 제거하거나 끼워 넣기 때문에 '유전자재조합식물(GMO)'로 생각할 수 있지만, 바이러스를 활용해 외래 유전자를 넣는 GMO와는 다른 방식이다.

이렇게 해서 근육 성장을 가로막는 유전자를 제거해 일반 돼지와 비교했을 때 1.5배 가량 큰 돼지를 만들었으며 병충해에 강한 상추, 버섯 등도 이미 출시됐다. 의료·바이오 분야에서의 활용도 또한 다양하다. 혈우병이나 헌팅턴병과 같이 특정 유전자 염기서열이 바뀌거나 과다하게 발현된 경우 유전자가위를 활용해 이를 제거할 수 있다. 이미 관련 질병에 걸린 실험용 쥐를 만든 뒤 이를 유전자가위를 활용해 증상을 완화시키는 연구가 진행되고 있다. 이와 같은 질환은 1만여 개가 넘는다. 대부분 완치가 불가능할 뿐 아니라 대를 이어 다음 세대에 전달된다. 과학자들은 유전질환을 원천적으로 차단할 수 있는 가능성을 유전자가위에서 찾고 있다.

유전병이 아니더라도 유전자가위를 활용할 수 있다. 에이즈 치료의 경우 환자의 면역세포에서 'CCR5' 유전자를 제거하는 방향으로 진행된다. CCR5 유전자는 에이즈를 일으키는 원인인 '인간면역결핍 바이러스'가 결합하는 부위다. 암 치료는 유전자가위를 이용해 면역세포를 강화시킨 뒤 이를 환자의 몸에 다시 넣는 방향으로 이뤄진다. 이에 따라 글로벌 제약사를 비롯해 많은 기업들이 유전자가위에 천문학적인 돈을 투자하고 있다.

DNA와 지구에 없는 생명체

합성생물학은 유전자가위와 비슷하면서도 다르다. 유전자를 다룬다는 부분은 같지만 합성생물학은 말 그대로 DNA를 합성해 새로운 개체를 만드는 기술을 뜻한다. 2010년 5월, 앞서 언급했던 크레이그 벤터 박사 연구진은 인공적으로 만든 유전체를 박테리아에 넣어 정상적으로 작동하게 하는 데 성공했다. 원리는 간단하다. DNA를 인공적으로 만들어 세포에 삽입하면 된다. 예를 들어 생물의 DNA 염기서열이 AAGGTTCC라면, AATT 염기를 만든 뒤 이 생물에 넣어주는 방식이다. 이 생물의 DNA염기서열은 AAGGAATTTTCC가 된다.

이 기술의 파급력 또한 '어마무시'하다. 특정 단백질을 만들어내는

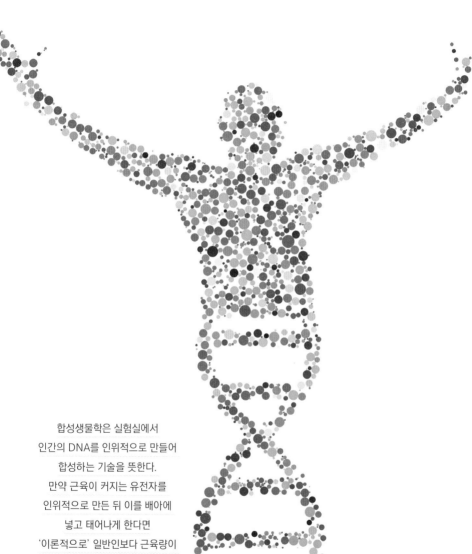

합성생물학은 실험실에서
인간의 DNA를 인위적으로 만들어
합성하는 기술을 뜻한다.
만약 근육이 커지는 유전자를
인위적으로 만든 뒤 이를 배아에
넣고 태어나게 한다면
'이론적으로' 일반인보다 근육량이
큰 아기를 태어나게 할 수 있다.

염기서열을 넣어주면 기존에는 없는 능력을 발휘할 수 있다. 예를 들어 지구상에는 존재하지 않는 '신기한' 생물들을 만들어낼 수 있다. 가령 포도당을 먹으면 플라스틱과 같은 고분자를 대량으로 분비하는 미생물도 가능하다. 현재 플라스틱은 원유에서 뽑아낸다. 원유는 탄소로 이루어져 있는 만큼 그 과정에서 이산화탄소가 대기 중으로 배출된다. 만약 포도당을 주면 플라스틱을 만들어내는 미생물을 조작해 낸다면 인류는 탄소 배출 없이도 마음껏 플라스틱을 만들어 쓸 수 있다. 만약 분해되는 플라스틱이 만들어지도록 조작하면 환경에 미치는 영향은 거의 없다고 해도 무방하다.

대장균에서 기름을 뽑아낼 수도 있다(이 기술은 실제로 이뤄졌다). 지난 2015년에는 효모에 여러 유전자를 넣어 아편 성분으로 제조 가능한 강력 진통제를 만들어내는 데 성공하기도 했다.

상상력을 더 발휘해볼 수 있다. 생명체에 존재하는 A, G, C, T 외에 다른 염기를 만들면 어떻게 될까. 2014년 5월, 미국 스크립스 연구소가 이걸 해냈다. 이들은 새로운 염기쌍 X, Y를 만들어 대장균에 넣은 뒤 복제하는 데 성공했다. 지구에는 존재하지 않는 DNA를 가진 첫 생물을 탄생시킨 셈이다. 고작 두 개의 염기가 늘어난 것이 무슨 대단한 일이냐고 반문할지 모른다. 4개의 염기는 DNA를 이루고, RNA를 거쳐 생명체를 구성하는 필수 아미노산 20개를 만든다.

이 단백질이 발현되면서 생명체가 생명을 유지할 수 있다. 만약 X, Y 염기가 추가된다면 만들 수 있는 아미노산의 조합은 20개에서 172

개로 늘어난다. 172개의 아미노산이 만들어내는 단백질은 기존 생명
체에서는 찾을 수 없었던 전혀 새로운 능력을 갖고 있을 수 있다. 신
개념 항생제는 물론 백신 등에 활용할 수 있을지 모른다. 아직 단순
히 단 한 쌍의 염기만 추가한 인공 DNA로 얻은 결과이기 때문에 넘
어야 할 벽이 많이 남아 있다. DNA가 단백질이 되려면 여러 단계를
거쳐야 하는데 이 과정에서 새로운 염기가 들어섰을 때 메커니즘이
정상적으로 작동할 수 있는지도 아직 확인되지 않았다. 실제로 연구
진이 인공 DNA가 대장균에서 복제될 때 자연 DNA 복제보다 속도
가 느려지는 현상이 발견됐다.

먹으면 잠이 잘 오는 토마토

2012년 등장한 3세대 유전자가위는 이미 기술적으로 상당히 성숙
했다는 평가를 받고 있다. 많은 연구가 이뤄지다 보니 상용화도 시작
됐다. 2021년 9월, 일본의 바이오기업 사나텍 시드는 수면을 유도하
는 물질이 많이 함유된 '기능성' 방울토마토 판매를 시작했다.

사나텍 시드는 유전자가위를 이용, 토마토에서 특정한 효소를 덜
생산하도록 만들었다. 이 효소는 '가바 아미노산'의 분해를 돕는 기
능을 가진 만큼, 이 효소 분비가 줄자 방울토마토 내에는 가바 아미
노산의 양이 다른 토마토 대비 5배 이상 많았다. 가바 아미노산은 체

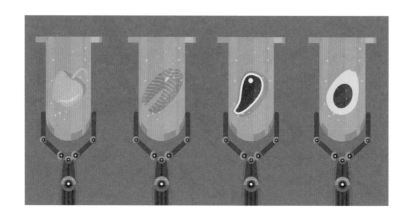

내에서 수면을 촉진하고 스트레스와 불안을 줄이는 기능을 하는 것
으로 알려졌다. 시장에서 판매할 수 있다는 얘기는, 이 같은 유전자
조작 채소가 우리 몸에 미치는 영향이 없음을 뜻한다. 현재 일본에서
는 근육량이 50% 증가하도록 유전자를 교정한 참돔이 시판 허가 심
사를 받고 있다.

유전자가위를 이용한 유전자 교정이 이처럼 시판될 수 있는 이유
는 앞서 이야기한 것처럼 GMO와 작동 방식이 다르기 때문이다. 인
간들은 과거 작물 생산량을 늘리고 '맛있는' 과일 등을 만들기 위해
'육종(育種)'을 활용했다. 육종이란 인간이 원하는 형태로 작물을 만
들기 위해 서로 다른 두 품종을 교배시키는 것이다. 예를 들어 A라는
콩은 잘 자라고 맛도 좋았는데 병충해에 약했다. 반면 B라는 콩은 맛
은 없었지만 병충해에 강해 작물 수확량이 많았다. 이때 사람들은 A
와 B를 수차례 인위적으로 교배시켜 새로운 콩을 만들어냈다. 이렇

게 인위적으로 교배를 이어가다 보면 어느새 맛도 좋으면서 병충해에 강한 C라는 새로운 종이 탄생한다. A가 가진 유전자와 B가 가진 유전자가 결합해 탄생한 것이다. 우리가 즐겨 먹는 옥수수, 쌀, 감자 모두 이 같은 육종을 거쳐 탄생한 작물들이다. 유전자가위는 이처럼 특정 작물이 보유하고 있는 장점만을 활용하는 방식인 만큼 GMO와 전혀 다르다는 견해가 일반적이다. 미국과 일본은 유전자가위를 이용해 만든 식품은 GMO 규정 대상에서 제외했다. 미국도 이미 색이 변하지 않는 버섯에 시판 허가를 내린 적이 있다(판매는 하지 않고 있다). 다만 유럽연합(EU)은 아직 유전자가위로 교정한 식물을 GMO로 간주하고 있다. 한국은 현재 유전자 교정 작물을 GMO보다 완화된 규제를 적용하기 위한 법안을 마련했다.

아직 한국에서는 유전자 교정된 작물을 판매해서는 안 된다. 그런데 지난 2015년, 유전자 교정 작물을 맛본 과학자가 있었다. 유전자가위 분야 세계적인 석학으로 불리는 김진수 기초과학연구원(IBS) 연구단장이다. 그는 연구성과를 기자들에게 브리핑하는 자리에서 "유전자가위를 이용해 병충해에 강한 상추를 만든 뒤, 많은 사람들 앞에서 맛을 봤다"며 "보통 상추 맛과 같아서 별다른 차이를 느끼지 못했다"고 말했다. 아직까지 깨지고 있지 않은 '최초' 기록이다.

유전자가위를 이용한 치료제도 임상이 진행되고 있다. 미국의 유전자치료제 개발기업 엑시시전 바이오테라퓨틱스는 2021년 9월, 미국식품의약국(FDA)으로부터 인간면역결핍바이러스(HIV) 치료제 임상 승인을 받았다. 엑시시전 바이오테라퓨틱스는 HIV의 유전물질을 잘라낼 수 있는 '가이드 RNA'를 환자의 몸에 투여하는 방식의 치료제를 개발하고 있다. HIV는 우리 몸에 들어와서 자신의 유전정보를 세포 안에 넣어버린다. 세포 안에 파고든 바이러스의 유전자만을 골라내 제거하기 어려운 만큼 체내로 들어온 HIV를 완벽히 제거하는 약은 아직 개발되지 않았다. 엑시시전 바이오테라퓨틱스는 영장류를 대상으로 한 실험에서 몸에 넣은 유전자가위가 HIV를 제거하는 데 성공했다고 밝혔다.

놀라운 기술이지만…

두 기술이 직면한 문제는 윤리적인 부분과 기술적 완성도다.

2018년, 중국의 한 과학자가 유전자가위로 특정 유전자를 제거한 아이를 태어나게 하는 데 성공했다. 허젠쿠이라는 이름의 이 과학자는 인간 배아에서 유전자가위를 이용해 CCR5 유전자를 제거했다. 이는 에이즈를 유발하는 HIV와 결합하는 부위다. 이렇게 유전자 조작을 한 배아를 여성의 자궁에 착상시킨 뒤 태어나게 했다. 일명 '맞춤형 아기'가 탄생한 것이다. 당연히 생명 윤리에 대한 논쟁이 뜨겁게 분출하기 시작했다.

맞춤형 아기 문제는 기술적 완성도에서 또다시 세계를 혼란에 빠뜨렸다. 유전자가위라는 툴은 혁명적인 장치이지만 아직 인류가 DNA에 대해서 아는 부분은 극히 일부에 불과하다. 실제 유전자 몇 개를 잘랐을 때, 그것이 다른 유전자에 미치는 영향에 대해서 아직 확실히 아는 것이 없다. 유전자가위가 가끔 오작동하는 것도 문제다. CCR5를 제거했지만 다른 부위의 유전자까지 잘랐을 가능성도 배제할 수 없다. 이 같은 여러 문제 때문에 많은 나라들은 인간 배아에 유전자가위를 적용한 연구를 할 수는 있어도 착상시키는 것만은 금지하고 있다. 이 실험을 진행한 허젠쿠이 박사는 감옥에 수감됐다.

합성생물학 또한 마찬가지다. 원하는 유전자만 연결한다면 '메시'의 운동 신경을 갖고 있으면서 '아인슈타인'의 두뇌를 가진 '초인간'을 만들어낼 수 있다. 유전자가위와 마찬가지로 맞춤형 아기 논란에서 자유롭지 않다. 꼭 인간이 아니더라도, 기존에는 없는 새로운 염기로 만든 동식물이 자연에 흘러 들어갔을 때 기존 생태계에 어떤 영향을 미칠지 또한 알 수 없다.

인구 증가, 자원 고갈, 기후 변화 등으로 발생하는 문제를 해결하기 위해 새로운 의약품 개발, 에너지 생산 등에 많은 연구가 이뤄지고 있다. 하지만 기존 생물을 기반으로 한 연구로는 한계가 있다. 이를 해결할 수 있는 기술이 바로 유전자가위와 합성생물학이다. 인간이 원하는 목적에 맞는 생물을 만들어낼 수 있어서다.

생명의 기본단위인 유전자를 자유자재로 다룰 수 있게 되면서 과학기술계에서는 이와 관련된 다양한 연구들이 폭발적으로 증가하고

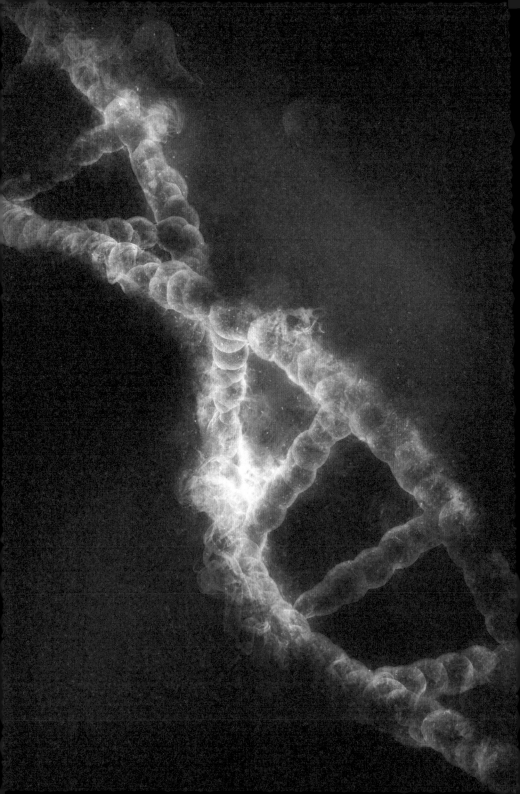

있다. 지구상에서 사라진 매머드를 복원시키겠다는 도전도 유전자가위와 합성생물학이 있기에 불가능하다고 보기 힘들다. 알 수 없는 이유로 호모 사피엔스와의 경쟁에서 도태된 '네안데르탈인'을 복원하는 것도 이론적으로는 충분히 가능하다. 과학적인 상상을 채워줄 수 있는 연구 외에 신약 개발에 활용될 수도 있고 농작물 수확량을 획기적으로 늘릴 수도 있어 인류에게 축복을 가져다줄 수도 있다.

하지만 과학기술이 실험실 밖을 나갔을 때 반드시 축복만이 기다리고 있는 것은 아니다. 다이너마이트, 핵폭탄의 발명으로 많은 인류가 목숨을 잃었듯이, 이를 어떻게 활용하느냐에 따라 인류의 미래가 달라진다. 유전자가위와 합성생물학이 혁명적인 도구인 만큼 인류에 미치는 파급력은 그 어떤 기술보다도 강력하다.

향후 10~20년 후면 이 두 분야의 기술이 무르익어 산업 전방위적으로 활용될 것이 불 보듯 뻔하다. 그때 이 세계의 중심이 될 학생들이 어떤 생각을 하고 있는지에 따라 인류는 축복받은 삶을 살 수도, 아니면 재앙에 빠질 수도 있다.

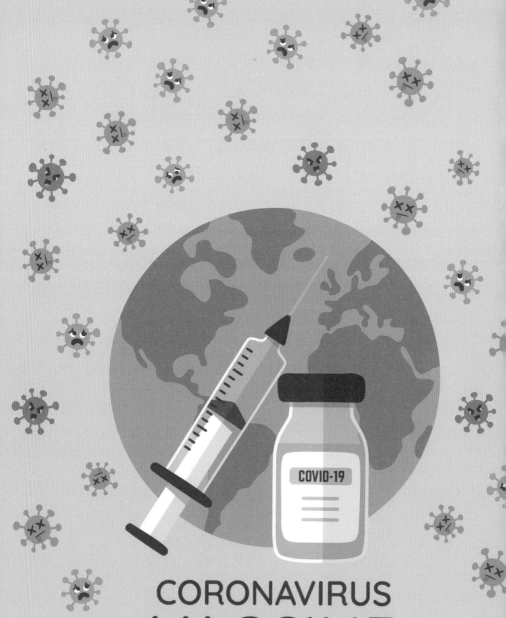

CORONAVIRUS
VACCINE

8

백신, 인류를 구하다

사백신부터 mRNA까지

• **고등학교 생명과학 I** - 항상성과 몸의 조절

1967년 아프리카 자이르(Zaire, 콩고민주공화국의 옛 이름)에서 갑작스럽게 출현한 바이러스로 전 지구가 팬데믹(Pandemic, 전염병 공포)에 빠진 상황을 그린 영화 〈아웃브레이크〉. 2022년 현재 사스코로나바이러스-2(코로나19 바이러스의 정식 명칭)가 전 지구를 휩쓸고 있는 상황과 가장 비슷한 영화로 주목받은 이 영화의 시작은 바이러스의 위협을 경고하는 이 문구로 시작한다.

"지구에서 인간이 지배계급으로 영위하는 데 가장 큰 위협은 바이러스다."

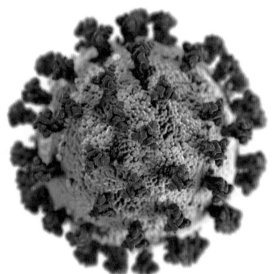

사스코로나바이러스 렌더링 이미지
©미국질병통제예방센터

실제로 이 말은 1958년 노벨 생리의학상을 수상한 조슈아 레더버그 전 미국 록펠러대 총장이 남긴 말이다. 그의 말마따나 바이러스는 인류가 집단생활을 시작한 뒤부터 잊을 만하면 한 번씩 나타나 인류를 위협해왔다. 인류는 이에 맞서 면역체계를 진화시키고 백신을 개발하며 대응해 왔지만, 바이러스는 빈틈을 찾아내 공격을 거듭했다.

복잡하게 진화한 인간과 비교했을 때 바이러스는 한낱 미물(微物)에 불과하다. 살아있는 생물이라고 말하기조차 민망하다. 생물은 스스로 물질대사와 증식은 물론 외부 환경 변화를 감지해 체내 환경을 일정하게 유지시키는 항상성도 갖고 있다. 하지만 바이러스는 외부 자극에 어떠한 반응도 보이지 않는다. 스스로 물질대사조차 할 수 없다. 인간이나 동물의 몸속에 들어가야만 복제하며 자신의 수를 늘려간다. 바이러스는 적게는 50개에서 많게는 30000개의 유전자 염기서열을 보유하고 있다. 염기서열은 복제 과정에서 돌연변이를 일으키며 특성이 변하기도 한다. 이럴 땐 꼭 생물 같다. 현재 바이러스는 생물학적으로 무생물과 생물의 중간단계에 있는 존재로 명명된다.

크기 10~1000nm(나노미터, 1nm는 10억분의 1m)의 생물도, 무생물도 아닌 작은 존재에 2022년 현재 인류는 백신과 치료제로 대항하고 있다. 백신 제조 기술은 1700년대 후반 에드워드 제너의 천연두 백신 개발, 1950년대 소아마비 바이러스 백신 보급 등 오랜 역사가 있는 만큼 '뉴(New)'하다고 볼 수 없지만 코로나19의 등장과 함께 과학계의 화두로 떠올랐다. mRNA 백신이 등장했기 때문이다. mRNA 백신 제조 기술을 활용, 인류는 코로나바이러스에 대항하며 마침내 반전을 이끌어냈다.

20세기 이후 지속되고 있는 인간과 바이러스의 끝없는 싸움. 인류는 이 전쟁에서 과연 승자가 될 수 있을까?

인체가 면역을 획득하는 과정

백신에 대해 알기 위해서는 우리 몸이 면역을 획득하는 과정부터 살펴봐야 한다. 고등학교 생명과학1 교과서에 있는 '우리 몸의 방어작용' 부분에 이 내용이 상세히 설명되어 있다. 바이러스는 세포에 침입해 자신의 유전물질을 복제하고 증식하는 과정을 거치면서 여러 가지 질병을 일으킨다. 또한 감염된 사람의 호흡이나 분비물, 혈액은 물론 단순한 접촉을 통해서도 전염될 수 있다.

바이러스를 비롯해 세균 등의 병원체가 우리 몸으로 들어왔을 때 우리 몸은 크게 두 가지 방식으로 방어작용을 시작한다. '비특이적 방어작용'과 '특이적 방어작용'이다. 비특이적 방어작용이란 피부나 점막처럼 물리적인 방식으로 병원체의 공격을 막는 방식을 뜻한다. '염증'도 비특이적 방어작용에 포함된다. 상처로 피부가 손상되면 병원체가 체내로 침입하게 되는데, 이때 염증이 발생한다. 열이 나거나 부어오르는 반응이 대표적이다.

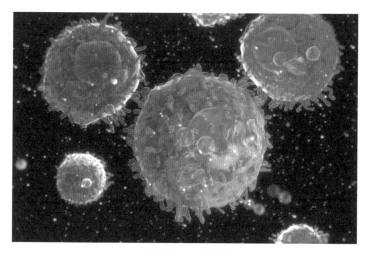

T림프구(T세포)의 모습
림프구는 우리 몸의 면역기능에 관여하는 백혈구의 한 종류다.
T림프구는 '항체'를 만들어 우리 몸으로 들어온 바이러스나
세균 등을(항원) 무찌른다. ©미국립알레르기감염병연구소

　예를 들어 가시가 피부를 손상시켰을 때, 가시에 있는 병원체가 체내로 들어오게 된다. 이때 면역세포인 비만세포와 대식세포가 화학물질을 분비한다. 화학물질이 분비되면 모세혈관이 확장되면서 혈류량이 증가하고 혈액 속을 흐르던 백혈구(혈액 내에서 핵과 세포기관을 가진 유일한 세포. 외부물질을 잡아먹는다)가 상처 근처로 흘러들어온다. 백혈구는 상처 부위의 이물질을 없애고 상처가 아물도록 한다.

　특이적 방어작용은 비특이적 방어작용이 지속해서 일어나 "백혈구로는 부족하다"는 생각이 들 때쯤 발생하는 면역체계다. 우리 몸

에서 면역 기능을 담당하는 '림프구'의 활동으로 시작된다. 골수에서 만들어진 림프구는 B림프구로 분화된 뒤 성숙하면서 T림프구가 된다. 림프구 출동을 불러일으키는, 즉 외부에서 들어온 이물질을 '항원'이라고 부른다. 바이러스는 물론 세균, 곰팡이, 꽃가루, 먼지 등이 해당된다. 이 항원에 대항해 림프구에서 만들어진 방어물질이 '항체'다. 항체가 항원과 결합하는 '항원-항체 반응'이 일어나면 항원은 사라진다.

B림프구는 항원을 인식하면 '형질 세포'로 분화해 항체를 만들어낸다. 형질 세포란 항체를 분비하는 데 특화된 세포로 보면 된다. 항체는 어떤 항원과 결합하느냐에 따라 그 모양이 다르다. 이를 '항원 항체 반응의 특이성'이라고 한다.

항원 항체 반응의 특이성을 이용한 대표적인 약물이 바로 백신이다. 영국 의사 에드워드 제너가 소의 고름을 건강한 사람에게 주입해 천연두를 예방하는 방법을 찾은 데서 비롯됐다. 백신은 질병을 일으키는 병원체의 독성을 약화시키거나 비활성 상태로 만든 것이다. 독성은 약화됐지만 항원으로 작용하기 때문에 우리 몸에 들어오면 항체가 만들어진다. 건강한 사람에게 백신을 접종하면 1차 면역반응이 일어나 소량의 항체와 함께 기억세포가 만들어진다. 이후 실제 병원체가 침입했을 때는 2차 면역반응이 발생, 다량의 항체가 빠르게 생성되면서 병원체의 침입을 막는다.

사백신과 약독화생백신

항원이 가지고 있는 독성을 약화시켜 만든 백신이 '사백신'과 '약독화생백신'이다. 사백신의 '사'는 '죽을 死'인 만큼 항원을 말 그대로 '죽인다'는 의미인데 전문용어로 '불활성백신'이라 부르기도 한다.

사백신은 열이나 방사선, 아니면 병원에서 맡을 수 있는 소독약인 포름알데히드 등을 이용해 바이러스가 증식이 불가능하도록 비활성시킨 병원체를 사용한다. 바이러스는 제 기능을 하지 못하지만 우리 몸에 들어왔을 때 면역반응을 일으켜 이를 제거하는 항체가 만들어진다. 병원체를 직접 사용하지 않는 만큼 사백신은 안정성이 높다. 하지만 다른 백신과 비교했을 때 상대적으로 면역반응이 짧을 뿐 아니라 지속 기간 또한 길지 않다는 단점이 존재한다. 이유는 불활성화된 바이러스를 넣는 만큼 면역반응이 집중되지 않기 때문이다. 불활성화된 수많은 성분을 대상으로 면역반응이 일어나기 때문에 예방률이 떨어지거나 지속 기간이 짧을 수 있다. 독감 백신이 대표적인 사백신에 속한다. 이밖에 A형 간염, 소아마비, 광견병과 같은 질병에 대응하기 위한 백신도 사백신이다.

약독화생백신은 독성을 '약화'시켜 체내에 주입하는 원리다. 앞서 이야기한 제너의 천연두 백신이 대표적이다. 제너는 우두에 전염된 사람의 손바닥에 생긴 종기에서 고름을 채취한 뒤 바늘에 묻혀 8살 소년의 팔에 접종했다. 이 소년은 약한 우두 증세를 보이다 회복했

에드워드 제너(Edward Jenner, 1749~1823) 영국의 의학자이자 백신의 선구자. 천연두에 대한 면역력을 높이기 위해 8세 어린이 제임스 휘프스에게 접종했다.

다. 6주 뒤 제너는 진짜 천연두 고름을 접종했는데 이 소년은 천연두에 걸리지 않았다.

제너가 만든 백신 방식이 '약독화'였다. 천연두에 걸린 사람의 고름을 체내에 넣음으로써 기존 바이러스 대비 활성도가 낮은 바이러스를 체내에 집어넣은 것이다. 이처럼 약독화생백신은 바이러스를 무해하거나 독성이 덜한 상태로 변형하는 방식이다. 살아있는 바이러스를 넣는 만큼 해당 질병의 증상을 약하게 경험할 가능성이 높다. 실제로 약독화생백신을 만들 때는 바이러스를 배양기에서 대량으로 증식시킨 뒤 포르말린으로 약화시키는 과정을 거친다. 개발 기간이 짧고 안정성이 높은 장점이 있지만 역시 면역 지속시간이 짧은 게 단점으로 꼽힌다. 홍역이나 풍진, 천연두, 수두, 황열 같은 질병에 약독화생백신이 사용된다.

겉과 속이 다른 트로이 목마, 바이러스벡터 백신

지금부터 이야기할 백신 제조 방식은 신종 코로나바이러스감염증(코로나19)의 원인 바이러스인 '사스코로나바이러스-2(SARS-CoV-2)'를 막는 백신 개발에 쓰인 기술이다.

먼저 바이러스벡터 백신이다. 바이러스벡터 백신은 항원 유전정보를 병원체와는 다른 종류의 바이러스 껍질로 포장해 전달하는 방식으로 '아제 백신'(아스트라제네카 백신을 줄여서 부르는 용어)으로 유명한 아스트라제네카와 '원샷'으로 효과를 볼 수 있는 얀센 백신이 이에 해당된다. 한 마디로 겉과 속이 다른 방식이다.

좀 더 자세히 설명하면, 인체에 해를 끼치지 않는 바이러스 속에 사스코로나바이러스-2의 유전자(물론 감염성 제거)를 넣는다. 이 백신은 세포 안으로 들어가게 되고, 우리 몸이 이를 항원으로 인식, 항체를 만들며 대항하게 한다.

아스트라제네카의 백신은 침팬지의 아데노바이러스를 변형한 뒤 사스코로나바이러스-2의 스파이크 단백질에 해당하는 유전자를 삽

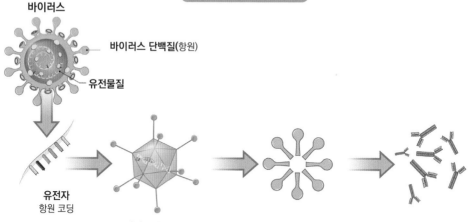

바이러벡터 백신

바이러스

바이러스 단백질(항원)

유전물질

유전자
항원 코딩

아데노바이러스
트로이 목마처럼 인체에 해를 끼치지
않는 바이러스 속에 유전정보를
넣어 세포로 전달

바이러스 단백질
세포가 항원을 생산하고,
우리 몸이 이를 항원으로
인식하도록 가르침

항체
특정한 항체 생성

바이러스벡터 백신
백신은 안전한 바이러스를 이용해 특정 항원을
생산하고 면역반응을 촉진한다.

입하는 방식으로 개발됐다. 얀센도 아스트라제네카와 같은 원리지만
이용하는 바이러스가 약간 다르다. 아스트라제네카는 '아데노바이러
스5형'을, 얀센은 '아데노바이러스26형'을 쓴다. 바이러스벡터 백신
은 일반적으로 면역 유지 기간이 길다는 장점이 있지만 생산 과정이
복잡하다는 단점이 존재한다.

단숨에 노벨상 후보, mRNA 백신

코로나19에 대응하기 위해 가장 먼저 출시된 백신은 '화이자 백신'이었다. 화이자 백신은 세계 첫 mRNA 백신이라는 점에서 주목을 받았다. 화이자보다 늦었지만 효과 측면에서 화이자와 마찬가지로 가장 높은 점수를 받고 있는 모더나 백신 또한 mRNA 백신이다.

유전자가위와 합성생물학 챕터에서 확인한 생명의 가장 기본 단위는 DNA다. DNA 속 유전자는 RNA를 거쳐 생명 현상에 필요한 단백질을 만들어낸다. mRNA는 messenger RNA의 약자로 우리말로는 '전령 RNA'라고 한다. mRNA는 쉽게 이야기해 DNA에서 받은 유전정보를 RNA에 부여하는 역할을 한다고 보면 된다.

즉 기존 백신이 항원을 넣어 체내에서 항체 생성을 유도했다면, mRNA 백신은 항체 생성에 필요한 유전정보를 체내에 넣어 우리 몸이 알아서 항체를 만들도록 하는 원리다.

코로나바이러스의 경우 표면에 있는 돌기인 '스파이크 단백질'이 인체 세포와 결합해 감염으로 이어진다. 화이자 백신은 스파이크를 만드는 유전정보 mRNA를 인체에 전달, 체내에서 스파이크 단백질에 결합하는 항체를 만들도록 유도한다. 이후 바이러스가 침입하면 백신으로 생긴 항체가 스파이크 단백질에 결합해 감염을 차단한다. 뉴욕타임즈가 화이자 백신이 만들어지는 공장을 취재해 그 과정을 상세히 공개한 바 있다. 뉴욕타임즈에 따르면, 화이자 백신 생산은 먼저 스파이크 단백질 유전자 합성으로 시작해 mRNA를 만든다. 마지막으로 이를 보호용 지방 입자로 감싸면 최종 백신이 만들어진다.

사스코로나바이러스-2가 전 세계로 확산됐을 때만 해도 과학기술계에서는 백신 승인을 5~10년 이내로 봤다. 하지만 단 1년 만에 백신이 출시되면서 전 세계를 깜짝 놀라게 했는데, 이는 mRNA 백신이 가지고 있는 가장 큰 장점으로 꼽힌다. 병원체의 유전자 정보만 알면 빠르게 설계가 가능하기 때문이다. 2020년 1월 10일 사스코로나바이러스-2의 유전자 정보가 공개된 후 모더나에서 1상 임상시험에 필요한 백신을 만드는 데 25일밖에 걸리지 않았다. 임상시험에 진입한 것은 염기서열이 밝혀진 지 63일 만이었다.

mRNA 백신으로 제작된 모더나 백신
mRNA 백신은 기존 백신보다 빠른 개발이 가능한 것이 장점으로 꼽힌다.

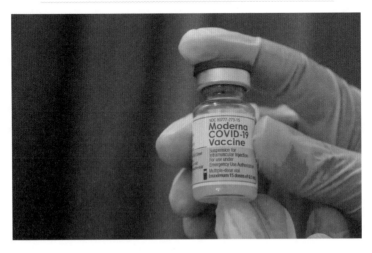

그러니 신종 바이러스가 다시 등장하더라도 유전자 정보만 확인하면 한 달 이내에 백신 제조가 가능한 셈이다. 안전성 또한 mRNA 백신의 가장 큰 강점이다. mRNA는 우리 몸에 있는 물질인 만큼 독성도 없을 뿐 아니라 불순물이나 혹은 예상치 못한 면역반응을 걱정할 필요도 없다. 다만 '열'이 문제다. 다른 백신들은 상온에서 보관할 수 있지만 모더나, 화이자 모두 저온에서 보관 및 유통해야 한다. 화이자는 무려 영하 70도의 창고가 필요하다. mRNA는 안정적인 물질이지만, 나노미터 크기의 지질구조가 쉽게 무너질 수 있어 초저온으로 유통해야 한다.

과학기술계는 mRNA 백신을 개발한 과학자들을 노벨 생리의학상 0순위로 이야기한다. 한 가지 흥미로운 점은 mRNA 백신을 개발한 과학자들이 여성, 흑인, 이민자였다는 사실이다.

mRNA 백신을 꾸준히 연구한 과학자는 카탈린 카리코 박사로 1970년대 헝가리대학의 학부생 시절부터 mRNA에 흥미를 갖고 연구를 시작했다. 1980년대 미국으로 이민 간 카리코 박사는 펜실베니아대에서 연구를 이어갔지만 결과는 좋지 않았다. 심지어 대학은 "mRNA 연구를 계속하면 교수직을 잃고 연봉도 삭감될 것"이라고 경고할 정도였다고 한다. 1995년에는 설상가상으로 암 진단까지 받았다. 포기하지 않은 카리코 박사는 결국 쥐 실험을 통해 mRNA 백신이 가능함을 확인했고 이후 바이오벤처기업인 바이오엔테크로 자리를 옮겨 mRNA 연구를 이어갔다. 바이오엔테크는 화이자와 공동

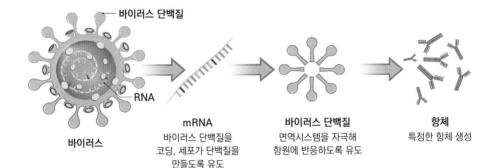

mRNA 백신

바이러스 단백질

RNA

바이러스

mRNA
바이러스 단백질을
코딩, 세포가 단백질을
만들도록 유도

바이러스 단백질
면역시스템을 자극해
항원에 반응하도록 유도

항체
특정한 항체 생성

mRNA 백신의 작용
COVID-19 전염병이 창궐하면서 mRNA를 세포에 실어
항원과 항체를 만드는 새로운 방법을 개발했다.

으로 코로나19 백신을 개발했다. 바이오엔테크를 창업한 우구르 사힌, 외즐렘 튀레지 박사 부부는 모두 터키 이민 2세대다. 코로나19 백신 출시로 이들은 약 5조가 넘는 자산을 거머쥐었다.

모더나 백신의 경우에는 흑인 여성 연구자인 키즈메키아 코벳 박사가 핵심 연구원으로 주목받고 있다. 그는 2020년 12월 코로나 백신 물질 탐색 연구 등의 공로로 기초 과학 분야 연구자에게 주는 '황금거위상'을 수상했으며 mRNA 백신 개발을 이끄는 핵심 연구자로 꼽힌다. 코벳 박사는 mRNA 백신 디자인을 맡았다.

위험한 소문들

코로나19 백신이 출시된 뒤 기다렸다는 듯이 부작용과 관련된 소문이 SNS를 비롯한 다양한 채널을 통해 유통됐다. 백신 괴담을 귀담 아듣지 않는 사람들이라 할지라도, 100만 명당 1~2명 꼴로 발생할 수 있다는 부작용은 두려운 것이 사실이다. 기자는 얀센 백신을 맞 았는데, 맞기 전 세계보건기구(WHO)와 미국질병관리본부(CDC) 등의 홈페이지를 찾아 얀센 백신에 대한 설명을 찾아봤다. "얀센 백신은 안전합니다. 일부 부작용이 있을 수 있습니다." "백신의 품질, 안전성, 효능에 대한 데이터를 철저히 평가했으며 18세 이상 성인에게 백신의 사용을 권고했습니다." "유럽의약청, 미국식품의약국의 검토를 거쳤습니다. 사용하기에 안전한 것으로 밝혀졌습니다." 세계에서 가장 과학적이고, 신뢰할만한 의사와 과학자들이 모여있는 집단에서 내린 결론이었다. 믿고 맞았다.

국내 백신 접종률이 2021년 10월 말 기준으로 70%를 넘었지만 여전히 '안티 백서'들은 차고 넘친다. 최근에는 전 대한면역학회 회장 출신이라는 서울대 명예교수가 유튜브를 통해 "백신으로 인한 사망자가 코로나19로 인한 사망자보다 많다.", "코로나19는 감기의 일종이다.", "한국 국민 99.4%는 백신을 맞을 필요가 없다"라는 말을 하며 백신 무용론에 기름을 부었다. 그가 이야기하는 주장 모두 근거가 없을 뿐 아니라 사실관계 자체가 잘못된 만큼 믿을 필요는 없지만

'백신에 대한 불신'은 100여 년 전, 처음 백신이 보급됐을 때부터 존재했다.
하지만 백신거부를 뒷받침하는 과학적 근거는 부족하다.

'서울대 명예교수', '면역학 박사'라는 사람이 이런 말을 한다면 일반
인 입장에서 마음이 흔들릴 수밖에 없다.

백신에 대한 불신은 비단 코로나19 백신에만 국한된 것은 아니다.
암스테르담대학 명예교수인 스튜어트 블룸의 저서 〈두 얼굴의 백신〉
에 따르면, 백신 반대 운동은 집단 예방 접종이 처음 도입됐던 100여
년 전부터 있었다고 한다. 영국에서 처음 천연두 백신 접종이 의무
화됐던 19세기 중·후반에도 반대론이 있었고, 1920년에는 결핵 예방
백신인 BCG(칼메트-게랭 간균) 집단 백신 접종에 반대하는 움직임이
있었다고 한다. 1970년에는 백일해 백신이 뇌 손상을 유발할 수 있다

는 소문이 돌면서 뇌 질환에 대한 공포가 삽시간에 번진 적도 있다.

최근 백신 반대가 가장 두드러지게 나타났던 때는 2018년도였다. 2018년 초부터 유럽 전역에서 '안티 백서' 운동이 힘을 얻으면서 유럽 홍역 발생 건수가 역대 최고치를 찍는 등 우려할만한 일이 곳곳에서 벌어졌다. 심지어 이탈리아에서는 취학 전 아동에 대해 백신 의무 접종을 폐지하는 법률 개정안이 의회에서 통과되기도 했다. 2000년 홍역 바이러스가 완전 소멸됐다고 선언한 미국에서도 2015년 1~4월 디즈니랜드를 중심으로 홍역이 150여 건 발병하기도 했다.

백신 반대론자들은 백신 부작용을 우려하며 예방 접종을 '의무'가 아닌 '자기 선택'에 맡겨야 한다고 주장하기도 한다. 하지만 과학계는 백신 반대 운동을 백신에 대한 비합리적이고 과도한 불신이 낳은 반지성의 산물로 규정한다. WHO는 2018년 유럽의 백신 반대 운동을 향해 "지난 50년간 노력해 안전하고 효과적인 백신을 만들었는데 여전히 홍역이 우리 생명과 재산, 시간을 허비하는 것은 받아들일 수 없는 일"이라고 지적하기도 했다.

백신 반대론에 기름을 부은 것은 1998년 "MR(홍역 예방) 백신이 아동의 자폐증을 유발한다"는 주장을 담은 영국 의사 앤드루 웨이크필드 박사가 발표한 논문이다. 유명 의학저널 〈랜싯〉에 발표된 이 논문은 엄청난 파장을 불러일으키며 전 세계 부모들이 집단으로 자녀 백신 접종을 보이콧하는 사태를 낳았다. 이 논문은 부적절한 연구방법론 때문에 2010년 학술지가 '철회' 명령을 내렸다. 과학적 근거가 부족해 논문으로서의 지위를 잃은 것이다. 그럼에도 불구하고 이 논문은 여전히 진짜인 것처럼 SNS를 떠돌고 있다. 2011년 데니스 플라허티 미국 찰스턴 약대 교수는 이 논문을 두고 "지난 100년 동안 나타난 의학적 거짓말 중 가장 유해하다"고 평가하기도 했다.

비슷한 사례는 또 있다. 2016년 말 국제학술지 '사이언티픽 리포트'에 게재됐던 도쿄의대 연구진 논문은 HPV(자궁경부암) 백신에 대한 신뢰를 떨어뜨리는 데 결정적 역할을 했다. 논문은 HPV 백신을 맞은 쥐에게서 뇌 손상, 운동 기능 저하 등 부작용이 나타났다는 내용을 담고 있었다. 논문 발표 후 일본의 HPV 백신 접종률은 70%에서 1%대로 곤두박질쳤다. 한국에도 이 소식이 전해지면서 HPV 백신 신뢰도가 바닥을 쳤다. 하지만 도쿄의대 논문 내용을 살펴본 전문가들은 고개를 갸웃거렸다. HPV 백신의 부작용을 살피기 위해 쥐에게 투여한 내용은 맞는데 투여량이 사람 접종량으로 환산하면 정량의 100배에 달했다. 부작용은 단 한 마리에서 나타났고 HPV 백신과 다른 백신을 섞어 투여하는 등 실험 결과가 HPV 백신 부작용을 보여준다고 보기 어려웠다. 사이언티픽 리포트는 2018년 5월 논문의 실험 방식이 결과를 설명하지 못한다는 이유로 철회를 결정했다.

코로나19 백신에 대해 인류가 지금까지 발견한 것은 다음과 같다. 50세 이상 인구 집단에서 백신을 접종한 사람은 미접종자보다 병원에 입원하거나 사망할 확률이 11분의 1로 줄었다(영국). 화이자 부스터 백신을 접종한 사람들이 2회 접종한 사람보다 4배 이상 감염 예방

효과가 확인됐으며 중증자 발생 감소 효과는 5배나 높았다(이스라엘). 브라질의 한 마을에서 이뤄진 실험에서는 코로나19 백신 대량접종 후 유증상 환자 80%가 줄었으며 병원 입원은 86%, 사망은 95%나 감소했다. 대표적인 결과일 뿐 이밖에 현재 출시된 코로나19 백신을 맞는 게 도움이 된다는 연구 논문은 차고 넘친다.

20세기 이후, 바이러스의 공격

인류보다 먼저 지구에 등장한 바이러스는 인류의 곁에 머물면서 가끔씩 존재감을 드러낸다. 바이러스가 출몰하는 횟수는 20세기 이후 늘어났다는 게 전문가들의 견해다. 대표적으로 1918년 전 세계적으로 5000만 명 이상 목숨을 앗아간 스페인독감을 꼽을 수 있다. 계절마다 유행하는 '독감(인플루엔자)'의 일종이다. 스페인독감은, 처음에는 치명적이지 않았던 것으로 알려졌지만 전염 과정에서 변종이 발생하면서 치사율이 높아졌다.

이후 아시아독감, 홍콩독감 등이 연달아 출현하며 인류와 치열한 사투를 벌였다. 바이러스가 출현할 때마다 인류는 전염을 막기 위해 감염자를 격리시키고 백신을 개발해왔다. 세계보건기구(WHO)는 매년 전 세계에서 유행하는 독감을 분석해 다음 해에 출현할 수 있는 바이러스 예방 접종을 권고하고 있다. 하지만 인류에게 가장 큰 위협

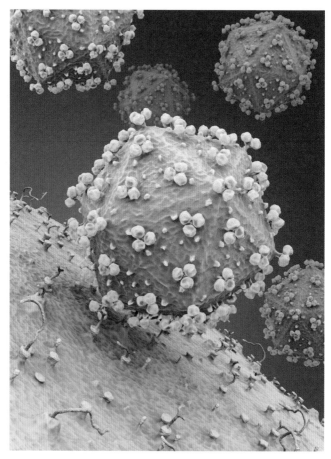

HIV 바이러스가 세포를 공격하고 있다. 3D 렌더링 이미지.

은 독감 바이러스 외에 또 있었다. 동물이 갖고 있던 바이러스가 돌연변이를 일으키며 인간에게 전염되기 시작한 것이다.

에볼라 바이러스가 대표적이다. 1970년대 원숭이나 박쥐에게서 전염된 것으로 추정되는 에볼라 바이러스는 한때 치사율이 90%에 이르면서 인간을 공포에 떨게 했다. 이후 발생한 헨드라 뇌염, 메닝글 바이러스, 니파 뇌염, 사스 등은 박쥐가 원인이었다. 박쥐는 인간과 같은 포유류이기 때문에 '종 간 장벽'이 낮아 인간에게 전염을 일으킬 확률이 높다. 2013년 중국과학원은 학술지 '네이처'에 발표한 논문을 통해 "중국에 살고있는 관박쥐가 사스의 숙주였다"는 연구결과를 발표하며 "관박쥐에게서 사스와 유사한 또 다른 바이러스가 발견된 만큼 주의가 필요하다"고 경고한 바 있다.

20세기 이후, 바이러스가 자주 출몰하는 이유는 하나다. 인간의 무분별한 자연 훼손 때문이다. 산림이 줄고 습지가 사라지면서 박쥐나 원숭이 등이 농장으로 건너와 먹이를 찾고 배설물을 남기고 간다. 이 배설물에 있던 바이러스가 인간과 접촉하면서 변종을 일으켰고 전염이 발생했다.

페스트 창궐을 다룬 알베르 카뮈의 소설 〈페스트〉에는 "그럼에도 불구하고 어디든 희망은 있다. 다만 그 길을 찾는 것은 당신 몫일 뿐"이라는 말이 나온다. 자연을 함부로 대한 대가를 치르고 있는 우리가 한 번쯤 곱씹어볼 문장이다.

9

AI에 노벨상을

단백질 구조 예측 인공지능

- **중학교 과학 3** - 생식과 유전(생장과 발생)
- **중학교 과학 3** - 과학 기술과 인류 문명
- **고등학교 생명과학 I** - 유전
- **고등학교 생명과학 I** - 항상성과 몸의 조절(신경계)

과학 고전 〈이기적 유전자〉의 저자이자 저명한 생명 과학자인 리처드 도킨스(도킨스는 요즘 SNS를 비롯해 다양한 곳에서 유행처럼 쓰이는 단어 '밈'을 그 책에서 처음 사용했다). 그는 지난 2020년 12월 1일, 자신의 트위터에 한 편의 기사를 인용하며 이같이 썼다.

"컴퓨터 프로그램에 노벨상 수여 자격이 주어진다면……"

그가 인용한 '딥마인드가 생물학 성배(holy grail) 찾고 있다'는 제목의 기사에는 단백질 구조를 예측하는 데 인공지능(AI)이 상당한 성과를 내고 있다는 내용이 담겨 있었다.

리처드 도킨스(Richard Dawkins, 1941~)
영국의 진화생물학자. 현대 생물학의
새로운 지평을 연 〈이기적 유전자〉로
유명하다. 찰스 다윈의 '적자생존과
자연선택'이라는 개념을 유전자 단위로
끌어내려 진화를 설명했다.

2020년 말, 당시 과학기술계는 도킨스의 트윗처럼 딥마인드 AI의 성과에 혀를 내둘렀다. 인간이 하려면 수십 년이 걸렸을 단백질 구조 해석을 단 며칠 만에 풀어냈기 때문이다. 과학자들은 딥마인드의 능력에 감탄하면서도 한편으로는 두려움도 느꼈다. 딥마인드의 AI 알파고가 바둑에서 이세돌 9단을 이겼을 때만 해도 "게임에만 능할 뿐 아직 인간을 뛰어넘으려면 많은 시간이 걸릴 것"으로 예상했지만, 과학기술 분야로 '훅' 들어온 AI는 어느새 인류를 따돌리고 멀찌감치 앞서가고 있었다.

2021년 7월 15일, 단백질 구조를 예측하는 딥마인드의 AI, 알파폴드2(AlphaFold2)는 세계적 과학저널 '네이처'에 알파폴드 알고리즘의 세부 내용을 공개했다. 같은 날 네이처와 함께 양대 과학저널로 불리는 '사이언스'에는 워싱턴대 연구진이 개발한 단백질 결합형태 예측 AI, '로제타폴드'가 선을 보였다.

두 논문을 본 전 세계 유명 과학자들의 반응은 엇비슷했다.

"완전한 혁명이다."
"AI의 기술 속도가 정말이지 놀랍다."
"인류가 해결하지 못한 과제를 AI는 단숨에 해결했다."

일반인의 입장에서는, AI가 빠른 계산 능력으로 단백질 구조를 예측한 게 무슨 큰일이냐며 넘길지 모른다. 하지만 향후 10년쯤 뒤 이

기술이 우리 삶에 미칠 파급 효과는 그야말로 '어마무시'하다. 유전자가위, 합성유전학과 같은 과학기술이 실제 삶에 적용되려면 넘어야 할 산이 아직 많지만, 단백질 구조 예측은 빠르면 5년 이내에 어쩌면 우리 삶을 송두리째 바꿔 버릴지 모른다.

생물은 단백질로 움직인다

단백질의 중요성을 이해하기 위해서는 '유전자가위, 합성생물학' 챕터에서 언급한 생명 중심 원리를 다시 꺼내와야 한다. 중학교 과학 3 교과서 '생식과 발생' 단원에서는 세포의 내부에 대해 배운다. 세포 안에는 핵이 있고 이 핵 안에서는 막대 모양의 염색체가 발견된다. 이 염색체는 유전물질인 DNA로 이루어져 있으며 DNA는 아데닌(A), 구아닌(G), 시토신(C), 티민(T)이라는 염기의 배열로 이루어져 있다. 염기(鹽基, DNA나 RNA의 구성 성분인 질소를 함유하는, 고리 모양의 유기 화합물)는 언뜻 무작위로 배열되어 있는 것처럼 보이지만 이 중 특정 염기서열이 RNA를 거쳐 단백질을 만들어낸다. 이를 생명 중심 원리라 부른다.

유전자가위와 합성생물학은 DNA에 초점을 맞췄다. 유전자를 이루고 있는 DNA 염기서열에 이상이 생겼을 경우 유전자가위를 이용해 이를 자르거나 붙여서 해결할 수 있다. 해충에 강한 상추, 근육

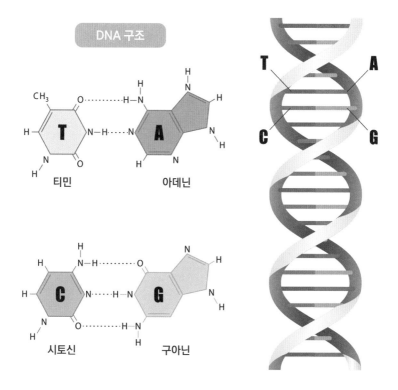

DNA 구조

티민 · 아데닌

시토신 · 구아닌

이 많은 돼지 등도 유전자를 교정해 만들어낸다. 합성유전학은 아예 DNA를 새로 만들거나 특정 유전자만 붙여서 우리가 원하는 '기능'을 가진 생물을 창조한다. 공상과학(SF) 영화처럼 상상의 나래를 펼쳐보면 '심장 근육'을 만드는 유전자에 근육을 강화하는 또 다른 유전자를 넣어 24시간 전력 질주를 해도 끄떡없는 심장을 만들어낸다거나, 눈을 만드는 유전자에 조작을 가해 뒤통수에도 눈이 생기도록 할 수 있다. 물론 영화에서나 가능한 일이지만.

이번 챕터에서 초점을 맞춰야 하는 부분은 DNA 정보를 가지고 있는 단백질이다. DNA 못지않게 단백질도 상당히 중요하다. 고등학교 1학년 때 배우는 통합과학에서는 단백질에 대해 "생명체를 이루는 세포의 주요 구성 성분이며 효소, 호르몬, 항체의 주성분으로 생명 시스템을 구성하고 유지하는 데 많은 기능을 수행한다"고 설명하고 있다. 우리 몸속의 기관들이 만들어지고 작동하는 데 단백질이 반드시 필요하다는 얘기다. 근육, 장기, 피부는 물론 침에 포함된 소화 효소인 아밀라아제, 혈액 속에 있는 헤모글로빈, 바이러스나 세균이 몸속에 들어왔을 때 싸우는 항체 등이 모두 단백질로 이루어져 있다. 단백질은 유전 형질로 나타나기도 하는데 귓불 모양이나 혀 말기, 쌍꺼풀 등이 대표적이다.

생물은 단백질로 움직인다고 해도 과언이 아니다. 단백질 이상은 질병으로 이어진다. 코로나19 바이러스가 감염되는 것도 단백질 때문이다. 코로나바이러스 표면에는 돌기 모양의 스파이크 단백질이 있는데, 이 구조가 인체 세포 표면의 단백질과 결합하면서 감염이 시작된다. 세포분열, 생장을 촉진하는 단백질이 제어되지 못하면 암에 걸릴 가능성도 높아진다. 단백질 구조를 알고 이를 제어하는 방법을 찾는다면 신약을 개발할 수 있다.

과학자를 괴롭힌 단백질 구조 예측

단백질은 수십~수천 개의 아미노산으로 이루어져 있다. 이 아미노산은 염기, 즉 DNA의 배치와 관련이 있다. 예를 들어 구아닌(G), 시토신(C), 시토신(C), 즉 염기가 G-C-C로 이루어져 있다면 그 자리에 '알라닌'이라 불리는 아미노산이 만들어진다. 4개의 염기로 만들 수 있는 아미노산의 수는 4×4×4, 64개. 다만 우리 몸의 아미노산은 20개다.

쉽게 설명해 DNA가 설계도라면, 이 설계도에 따라 쌓는 벽돌을 아미노산에 비유할 수 있다. 아미노산이 다 쌓이면 집, 즉 단백질이 된다. 단백질은 아미노산이 단순히 일렬로 연결되어 만들어지지 않는다. 벽돌로 집을 지을 때 3차원 구조가 필요하듯, 단백질 또한 아미노산이 이리저리 접히면서 복잡한 형상을 갖게 된다.

앞서 이야기했듯, 단백질 구조를 알면 질병 치료에 한 걸음 다가갈 수 있다. 문제는 단백질 구조 분석이 상당히 까다롭다는 점이다. 아미노산이 서로 접히는 과정은 워낙 변수가 많아 유전정보만 갖고는 입체 구조를 예측하기 어렵다. 단백질 숫자도 엄청 많다. 지금까지 과학자들이 알아낸 단백질의 종류는 약 2억 개(인간의 단백질은 약 2만 개)에 달하는데 이 가운데 구조를 확인한 것은 17~18만 개에 불과하다. 단백질 구조가 쉽게 무너지는 점도 구조를 확인하는 데 어려운 요인으로 꼽힌다.

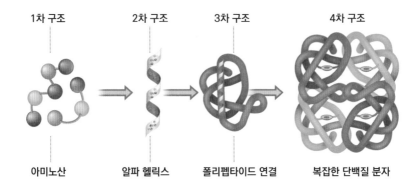

단백질의 구조

1차 구조	2차 구조	3차 구조	4차 구조
아미노산	알파 헬릭스	폴리펩타이드 연결	복잡한 단백질 분자

단백질은 아미노산이 모여 만들어진다. 아미노산이 모여 가장 일반적인
베타 병풍구조를 만든다. 이어 펩타이드가 만들어지고
이것이 단백질을 만들어낸다.

과학자들은 단백질 구조 파악을 위해 X-선을 쏘는 방식을 사용했는데, 한 종류의 단백질 구조 분석에만 짧아야 수개월, 평균 수년이 걸릴 뿐 아니라 비용도 수천만 원에서 수억 원이 든다. 실험실에 죽치고 앉아서 시간만 왕창 투자하면 구조를 파악할 수 있는 그런 분야도 아니다. 10년 넘게 연구에 매달려도 실패할 가능성이 높다. 수십억 원을 쏟아부어도 실패할 가능성이 매우 높다. 그래서 단백질 구조 예측은 과학자들 사이에서도 악명 높은 연구로 손꼽힌다.

이러다 보니 중요한 단백질 구조 발견이 노벨상으로 이어지기도 한다. 2012년 노벨 화학상은 세포 외부의 신호를 내부로 전달하는 원리를 밝혀낸 로버트 레프코위츠 미국 듀크대 메디컬센터 교수와 브라이언 코빌카 미국 스탠퍼드대 의대 교수가 차지했다. 이들은 인체 세포가 외부로부터 주어지는 신호에 대응하는 단백질 'G단백질 연결 수용체(GPCR)'의 기능과 구조를 밝혀냈다.

우리 몸의 세포막에 있는 '막단백질'은 세포의 문지기로 불린다. 뇌와 심장, 폐 등 신체 여러 기관에 존재하며 세포 내부와 외부로 물

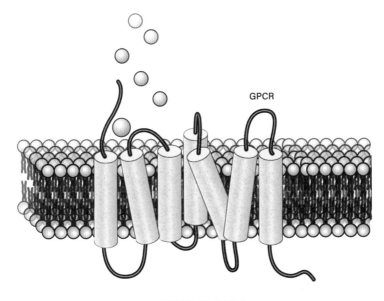

GPCR

G단백질 기능과 구조
세포막에 있어 세포의 문지기로도 불리는 '막단백질'은 세포 내부와 외부를
연결하는 통로 역할을 한다. 막단백질의 하나인 GPCR은 외부의 신호를
세포 안으로 전달하는 일종의 센서 역할을 한다. 센서가 고장나면
우리 몸은 다양한 질병에 노출될 수 있다.

질을 수송하는 일을 한다. 막단백질에 이상이 생기면 심장 질환, 뇌 질환, 암 등 여러 질병이 발생할 수 있다. 레프코위츠 교수는 막단백 질이 세포 외부와 내부에 서로 다른 구조를 갖고 결합해 있는 것을 알아냈다. 코빌카 교수는 막단백질 중 하나인 '베타 수용체'를 발견 했다. 두 과학자는 함께 여러 수용체를 발견했는데 이를 'GPCR'이 라 부른다. 현재까지 포유류에 존재하는 GPCR의 개수는 700~800 개로 알려져 있다. GPCR은 심혈관 질환이나 소화기 질환, 중추신경 계 질환 등 여러 질병 치료에 활용되는데, 판매수익 200위 안에 있는 약물 중 25%가 GPCR을 타겟으로 제작됐다. 코빌카 교수는 2011년 또 하나의 기념비적인 연구 성과를 내놨는데, GPCR 중 하나인 '베타 아드레날린 수용체'의 구조와 G단백질의 결합구조를 3차원으로 밝 혀낸 것이다. 현재 개발되고 있는 신약의 약 40%가 초점을 맞추고 있 을 만큼 중요한 단백질로 꼽힌다.

알파폴드, 빛의 속도로 진화 중

지난 2018년 12월, 멕시코 칸쿤에서 열린 '단백질 구조 예측을 위한 기술 중요성 평가(CASP)' 학회에서 구글의 딥마인드 알파폴드 가 과학자들을 제치고 압도적인 1위를 차지했다. 알파폴드가 처음 세상에 등장한 순간이었다. 1994년부터 시작된 CASP(Community

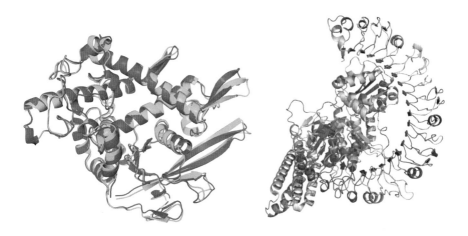

딥마인드가 예측한 특정 단백질의 구조

단백질 구조는 아주 복잡해서 그동안 예측이 쉽지 않았다 ©딥마인드

Wide Experiment on the Critical Assessment of Techniques for Protein Structure Prediction)는 아미노산 종류를 알려주고 이것이 만들어내는 단백질이 어떤 구조를 형성할지 예측하는 대회다. 실험실 내에서는 확인이 됐지만 아직 공개되지 않은 단백질을 문제로 내고 참가한 과학자들은 소프트웨어를 이용, 이 단백질 구조를 예측한다. CASP를 위해 개발된 많은 소프트웨어 도구들이 의료 분야 등에 활용되고 있는데 진척은 느렸다. 20년 넘게 발전은 있었지만 단백질 구조를 밝히는 시간, 비용을 획기적으로 줄이지는 못했다.

2018년, 알파폴드는 문제로 주어진 단백질 43개 중 25개 구조를 예측했다. 2위인 미국 미시간대 연구진이 3개를 맞힌 것과 비교하면 압도적인 성과였다. 미시간대 연구진은 이 분야에서 수년간 1위를

알파폴드를 만든 딥마인드는 이세돌 9단을 이긴 인공지능, 알파고를 만든 기업
이다. 이세돌 9단이 알파고와 대국을 진행하고 있는 모습 ©한국기원

차지할 정도로 막강한 팀이었지만 알파폴드의 상대가 되지 않았다.

알파폴드는 기보를 통해 실력을 연마한 '알파고'처럼 50년 동안
인간이 어렵게 쌓아왔던 단백질 구조를 학습했다. 알파폴드 '신경망'
은 정보를 받아들이고 스스로 학습한 뒤 판단하는 능력을 갖고 있다.
새로운 단백질이 주어지면 알파폴드는 기존에 습득한 데이터를 이용
해 서로 다른 아미노산이 결합하는 각도, 형상 등을 예측한다. 이후
가장 안정된 상태의 구조로 이를 수정한다. 알파폴드는 첫 번째 단백
질 구조를 예측하는 데 2주가 소요됐는데 이제는 단 두 시간 만에 이
작업을 해낼 수 있게 됐다고 한다.

2018년 과학기술계가 알파폴드에 열광한 이유가 여기에 있다. 현

재의 신약 개발 과정을 자물쇠 구조를 전혀 모르는 상태에서 무수히 많은 열쇠를 일일이 끼워보는 상황에 비유한다면, 단백질 구조를 파악하는 것은 자물쇠 구조를 이해하는 것과 같다. 자물쇠 구조를 이해할 수 있다면 그만큼 자물쇠를 풀 수 있는 열쇠(신약)를 빨리 만드는 일이 가능해진다. 알파폴드가 바로 이 일을 해낸 셈이다. 다만 CASP 정확도는 다소 떨어졌다. 구조를 정확히 예측했을 때를 100점이라 한다면 알파폴드의 점수는 60점에 불과했다. 과학자들은 90점 이상을 받아야 인간과 대등한 능력을 갖췄다고 간주한다. 속도가 빠르긴 했지만 정확도에서 아쉬움을 남긴 셈이다.

하지만 AI의 학습 능력은 어마어마했다. 알파고가 6개월 만에 진화하여 이세돌 9단을 눌렀듯(이세돌 9단은 6개월 전의 알파고가 둔 바둑을 보고 "질 자신이 없다"고 말했다), 알파폴드 또한 빠르게 진화했다.

2020년 말, CASP에 참가한 알파폴드는 과학자들이 실험으로 밝혀낸 단백질 구조와 90% 일치하는 결과를 얻어내며 2년 만에 실제 과학연구에 사용할 정도로 성장했다. 점수로 따지면 90점을 받은 셈이다. 알파폴드의 성과를 두고 '사이언스'는 "과학 연구의 게임 판도가 바뀌었다"고 평가했다. 알파폴드는 CASP에서 10년 동안 과학자들이 밝히지 못한 단백질 구조를 30분 만에 풀어냈다고 한다. 또한 대회에 출제된 문제 중에는 실제 과학자들이 구조를 확인하지 못한 단백질도 4개가 있었는데, 나중에 확인했더니 알파폴드가 예측한 구조는 실제 구조와 거의 일치했다고 한다.

세상을 바꾸고 있는 알파폴드

2021년 7월, 알파폴드2는 36만 5000개의 단백질 3차원 구조를 예측하는 데 성공했다고 밝히며 이 데이터베이스를 공개했다. 인간이 보유한 단백질 2만여 개 중 98.5%를 포함해 생물학 연구에 쓰이는 쥐, 초파리 등의 주요 단백질이 대상이었다.

딥마인드는 지금까지 알려진 단백질 2억 개 중 절반 이상인 1억 3000만 개 단백질의 구조를 올해 내로 확인하겠다는 목표까지 세웠다. 과학자들은 이번에도 "혁명적인 성과"라며 찬사를 쏟아냈다. 딥마인드의 공동 창업자 데미스 하사비스 최고경영자(CEO)는 "지금껏 AI가 과학적 지식에 이만큼 기여한 적이 없다. 내 입으로 이렇게 말하는 게 쑥스럽지만 과장이 아니다"라고 말했을 정도다.

과학자들은 알파폴드가 내놓은 구조를 토대로 연구를 이어가고 있다. 알파폴드가 내놓은 구조는 '예측 모델'인 만큼 실제로도 그런지 확인을 해야 하는데 지금까지는 상당히 정확하다는 평가가 나오고 있다. 예측 모델이라 하더라도 알파폴드의 결과물을 활용하면 실제 구조 파악에 걸리는 시간을 단축하는 데 도움이 된다. 예를 들면, 수학 문제를 푸는데 정답(정확도 90% 이상)을 알고 접근하는 것과 아예 모르고 시작하는 것의 차이로 볼 수 있다. 또한 세균이 항생제를 피하는 데 사용하는 단백질 구조의 경우, 알파폴드는 "우리의 예측 신뢰도가 낮다"고 했는데, 실제 구조를 분석한 결과에서도 차이가 있었

사스코로나바이러스2의 스파이크 단백질 구조

다고 한다. 알파폴드가 자신의 한계에 대해서도 정확히 알고 있다는 얘기다.

1980년대 초 후천성면역결핍증(AIDS)을 일으키는 인체면역결핍바이러스(HIV)가 알려진 이후 단백질 구조를 밝히고 치료제가 나오기까지 20여 년이 걸렸다. 코로나바이러스는 불과 한 달 만에 단백질 구조가 발표됐고 1년이 채 되지 않은 상황에서 백신이 출시됐다.

알파폴드로 인해 단백질 구조 확인이 수월해지면서 생물학, 의료계의 패러다임이 순식간에 뒤바뀔지 모른다. 과학자들은 단백질 구조는 AI에 맡기고, 이를 제어할 신약 개발에만 매진할 수 있게 됐다. AI에 노벨상을 주자는 얘기가 괜히 나온 것이 아니다.

인공지능 '왓슨'은 어디로 갔을까?

알파고 이야기를 하면 빼놓을 수 없는 AI가 또 있다. 2011년 2월, 미국 ABC방송 퀴즈쇼에서 사상 처음으로 인간을 이긴 AI, 바로 그 이름도 유명한 '왓슨'이다. 왓슨을 개발한 IBM은 AI를 다양한 분야에 적용하기 위한 작업에 돌입했고 알파고가 유명세를 탔을 즈음, 한국을 비롯한 전 세계 곳곳의 병원에 왓슨이 의사로 취직했다는 이야기들이 들려왔다.

왓슨을 병원에서 활용하려는 시도에 많은 사람들은 고개를 끄덕

IBM의 인공지능 왓슨은 의료 분야에서 혁혁한 공을 세울 것이라며
주목받았지만 기대에 미치지 못하는 성과를 내고 있다. ©IBM

였다. 실제 사례다. 2016년 일본의 한 병원을 찾은 환자의 징후를 분석한 왓슨이 진단을 내렸다. 이를 보고 있던 의사가 "왓슨의 판단이 잘못됐다"고 평가했다. 하지만 확인 결과 수개월 전 새롭게 출간된 논문을 의사가 인지하지 못했던 것으로 나타났다.

왓슨은 짧은 시간에 수만 편의 논문을 읽고 분석할 수 있는 만큼 인간보다 더 나은 진단, 나은 판단을 할 거라 믿었다. 왓슨이 의사는 아니지만 옆에서 의사를 도울 수 있는 존재가 될 것으로 기대했다. 특히 왓슨은 암 치료와 관련된 특화된 분야에서 더 나은 일을 할 수 있을 것으로 봤다. 매년 암과 관련된 논문이 전 세계에서 약 4~5만

건 발표되는 만큼 이 모든 것을 인간이 숙지하기는 불가능하다. 하지만 AI는 가능하다. 왓슨 도입 초기만 하더라도 왓슨의 암 진단율은 인간보다 높다는 보고가 많았다.

하지만 5년여가 지난 지금, 병원에서 왓슨의 위치는 상당히 애매해져 있다. 암 진단율이 절반에 불과하다는 보고서도 나오고 있을 뿐 아니라 왓슨을 도입했던 많은 병원들이 다시 왓슨을 내쫓는 일이 발생했다. 암 데이터는 생각한 것 이상으로 복잡했다. 초당 책 100만 권을 읽을 수 있는 왓슨이었지만 다양한 징후를 종합적으로 판단하는 능력은 인간 의사를 따라갈 수 없었다. 왓슨 의료사업부는 2021년 10월 매각을 추진하고 있지만 구매자를 찾기가 쉽지 않다고 한다.

알파고를 만든 딥마인드도 모든 AI를 알파폴드처럼 활용하고 있는 것은 아니다. 딥마인드는 이세돌 9단을 누른 뒤 AI를 이용해 전력 효율화에 나서겠다고 밝혔다. 실제로 2016년에는 구글 데이터센터에 알파고를 투입, 전력을 40% 정도 절감하기도 했다. 딥마인드는 나아가 영국의 국가 전력을 10% 이상 줄이는 프로젝트를 추진했지만 실패했다. 알파고가 바둑이나 체스에서는 제대로 작동했지만 현실 세계의 복잡성과 예측 불가능성에는 제대로 대응하지 못한 것이 원인이었다.

AI vs 뇌

AI가 세상을 바꾼다고 한다. 실제로 AI는 우리의 삶을 바꾸고 있다. 우리가 수시로 확인하는 스마트폰은 물론 모르는 것이 있을 때마다 열어보는 검색창 모두 내부에서는 AI가 부지런히 작동하며 우리가 원하는 답을 내놓고 있다. AI가 이세돌 9단을 이긴 것처럼, AI는 데이터를 취합하고 분석하는 능력은 인간보다 뛰어날지 모른다. 하지만 세상을 바라보고 고차원적으로 해석하는 인지능력에서 아직 AI는 인류를 따라오지 못하고 있다. 인간의 뇌 무게는 1.35kg. 침팬지 0.4kg, 고릴라는 0.5kg에 불과하다. 코끼리의 뇌는 6kg이지만 몸무게 대비 뇌 중량은 인간의 1.85%에 한참 뒤진 0.13%에 불과하다. 단순히 크고 무겁다고 해서 인간의 뇌가 뛰어난 것은 아니다. 뇌에 존재하는 신경세포 수가 지능을 결정한다. 인간 뇌에 있는 신경세포는 10^{11}, 즉 1000억 개다. 침팬지 220억 개, 고릴라 330억 개보다 월등히 많다. 진화적으로 가장 늦게 발달한 '대뇌 피질'에 존재하는 신경세포의 수는 인간이 163억 개로 고릴라(91억 개), 침팬지(60억 개)보다 많다. 이 대뇌피질이 인간의 고등인지기능을 담당한다.

인간의 뇌에 있는 신경세포는 숫자만 많은 것이 아니다. 각기 다른 신경세포를 연결해주는 '시냅스'라는 부위가 있기 때문에 인간의 뇌는 '위대함'으로 승화된다. 시냅스에서는 다른 세포에서 볼 수 없는 현상들이 일어난다. 호르몬과 같은 화학물질을 분비하기도 하고 전

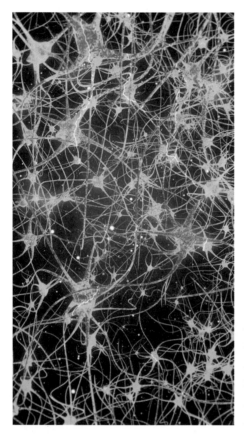

인간의 머릿속 뉴런과 시냅스
시냅스는 서로 다른 신경 세포들
이 정보를 전달하는 장소다.
시냅스에서 한쪽 세포의 정보가
신경 전달 물질을 통하여
다른 쪽 세포에 전해진다.

기신호가 발생하면서 서로가 연결된다. 뇌를 쓰면 쓸수록 시냅스 간
연결성이 강화되면서 뇌 발달이 촉진된다. 전기적 신호가 발생하면
기억을 회상하기도 하고 학습했던 내용을 꺼내는 것도 가능하다.

인간 뇌에 있는 시냅스는 약 1000조 개에 달한다. 시냅스 간 연결
이 인간이 학습하고 겪은 많은 경험들의 총합체로 발현되는 것이다.

수천 개의 CPU와 이를 연결하는 무수히 많은 반도체 회로로 무장한 AI는 일단 숫자만으로 인간의 뇌를 따라올 수 없다. 이미 인간의 뇌는 자신이 경험한 지식들을 담은 신경세포가 시냅스로 연결돼 창조적 능력을 발휘하는 '집단지성'의 원조인 셈이다.

그래서 명심해야 할 것이 있다. "AI 통·번역기가 나오니 영어 공부 하지 않아도 돼." "AI가 다 해 줄 테니 암기할 필요가 없어." "AI가 다 도와줄 테니 어려운 공부 하지 않아도 돼"와 같은 말은 옳지 않다. 우리 뇌는 영어, 수학, 과학 등의 지식을 토대로 AI보다 더 나은 판단, 더 고차원적인 해석을 내릴 수 있기 때문이다.

10

지구의 기후를
바꿔라!

지구공학, 그 거대한 실험

- **중학교 과학 2** - 수권과 해수의 순환
- **고등학교 통합과학** - 지구시스템
- **고등학교 지구과학 I** - 대기와 해양의 변화
- **고등학교 지구과학 I** - 대기와 해양의 상호작용

2019년, 인류는 통제할 수 없는 기후변화에 맞서기 위해 지구 궤도에 특별한 인공위성을 쏘아 올린다. 인간이 기후를 조작하는 더치 보이(Dutch Boy) 프로그램의 일환이다. '더치 보이'는 댐에 난 구멍을 손가락으로 막았다는 덴마크 일화 속 주인공 소년의 이름이다. 더치 보이 프로젝트는 지구라는 거대한 댐에 구멍처럼 생겨버린 기후변화를 막는 역할을 한다.

구름이 모여 거대한 태풍이 형성되려고 하면 위성에서 '무언가' 발사돼 구름 속으로 떨어진다. 비구름은 곧 흩어져 버린다. 비가 내리지 않아 메마른 곳에도 무언가를 떨어뜨리면 비가 내리고, 폭염이 이어지는 곳에도 무언가를 떨어뜨리면 비가 오거나 온도가 떨어진다. 그렇게 인류는 자연의 변화를 이겨냈다.

이 내용은 "인간이 기후를 조작한다. 지구의 대재앙이 시작됐다"라는 포스터 문구에 흠칫 놀라게 되는 영화 〈지오스톰〉의 줄거리다. 〈지오스톰〉에는 수많은 인공위성과 함께 우주정거장(ISS)처럼 보이는 관제센터가 등장한다. 이곳에서 지구 곳곳을 모니터링하고 이상 기후가 발견되는 곳 상공에 있는 위성을 작동시킨다.

인류가 초래한 지구온난화로 전 세계에 예상치 못한 기후변화가 극심해진다고 한다. 이산화탄소가 지구 대기에 쌓이면서 지구의 기온은 높아지고, 결국 북극 빙하가 녹으면서 해수면이 높아져 지구가 물에 잠긴다고 한다. 이 같은 비극을 막기 위해 우리가 할 수 있는 일

지구공학을 다룬 영화 〈지오스톰(2017)〉 포스터
지오스톰에는 기후를 통제할 수 있는 시스템 '더치 보이'가 등장한다.

은 명확하다. 자원 아껴 쓰기, 에너지 덜 쓰기, 친환경적으로 살기 등
등. 하지만 답답하다. 내가 지금 지구를 위해 한 행동이, 지구를 지키
는 데 정말 도움이 될까? 영화 〈지오스톰〉의 한 장면처럼 이상기후가
발생하는 지점에 뭔가를 쏘아 올리거나 터뜨려 기후를 정상으로 되
돌리는 일은 불가능한 걸까?

　놀랍게도 과학자들은 '지구공학(또는 기후공학)'이라는 이름의 기술
을 통해 〈지오스톰〉을 현실화하기 위한 방안을 찾고 있다. 공상과학
(SF) 영화 속 이야기가 아니라 우리의 현실이 될 수 있다. 미래를 전망

하는 많은 보고서들이 세상을 바꿀 기술 중 하나로 지구공학을 꼽고 있는 이유다.

2021년은 지구공학 기술이 분기점을 맞이한 해이기도 했다. 〈지오스톰〉처럼 대기에 무언가를 뿌려 지구의 기온을 떨어뜨리는 연구가 진행될 '뻔' 했기 때문이다. 지구공학은 인류의 미래를 얼마나 바꿀 수 있을까?

늘어나는 이산화탄소, 더워지는 지구

지구는 하나의 커다란 시스템이다. 고등학교 통합과학 '지구시스템' 단원에는 지구시스템을 기권, 지권, 수권, 생물권으로 분류한다. 기권은 지구를 덮고 있는 대기층을 뜻한다. 기권은 높이에 따라 대류권, 성층권, 중간권, 열권으로 나뉘며 성층권에는 '오존층'이 존재한다. 오존층은 지구 밖에서 들어오는 자외선을 흡수한다.

지권은 암석과 흙으로 이루어진 지구 표면과 내부를 뜻한다. 지각 아래는 맨틀이 있고, 그 안에 외핵, 내핵이 존재한다. 수권은 물이 존재하는 영역이다. 해수(바닷물)와 담수(강이나 호수처럼 염분이 없는 물)로 나뉜다. 수권은 수증기(기체)나 빙하(고체)로 형태가 바뀔 수 있다. 생물권은 사람을 비롯해 지구에 살고있는 모든 동·식물을 뜻한다. 기권과 지권, 수권, 생물권은 서로 상호작용한다. 여기서 가장 중요한 원소가 바로 '탄소'다. 탄소는 탄수화물과 단백질, 지방 등 생명체를 이루는 물질의 기본이 되는 원소다. 암석과 토양은 물론 대기에도 존재한다. 우리가 흔히 쓰는 '유기물'과 '무기물'이라는 단어 역시 탄소화합물을 기준으로 한다. 간단히 이야기해 탄소가 있으면 유기물, 없으면 무기물이라 표현한다. 유기물은 생명에 반드시 필요한 물질이지만 그 형태가 잘 바뀌는 만큼 유해물질이 될 수도 있다. 예를 들어, 식물은 대기 중의 이산화탄소를 흡수해 광합성을 한다. 이 과정에서 이산화탄소에 있는 탄소를 빼내 탄소화합물을 만들어낸다. 이를 동물이 섭취한다. 동물과 식물 모두 호흡하는 과정에서 탄소를 대기 중으로 배출하기도 한다.

문제는 이 탄소가 단순히 돌고 도는 데서 그치지 않고 지구의 기온 변화에 상당한 영향을 미친다는 데 있다. 고등학교 지구과학1 '기후변화' 단원에서 이 원인을 상세히 기술하고 있다. 태양에서 지구로 건너온 '복사에너지(물체 표면에서 방출되는 열에너지. 온도가 높을수록 많은 에너지를 방출)'를 100이라고 했을 때, 이 중 26%는 대기 중 반사되거나 산란돼 우주로 흩어진다. 23%는 대기와 구름에 흡수되고 남은 47%가 지표에 닿는다. 47% 중 4%는 반사돼 지구를 벗어난다. 전체 100의 에너지 중 대기에서 반사, 산란된 26%와 합해 30%의 에너지는 지구로 들어오지 못하는 셈이다.

지구가 70을 흡수했으니, 그만큼을 우주로 내보내야 지구는 열적으로 평형을 이루게 된다. 지구 또한 우주로 에너지를 방출하는데 이

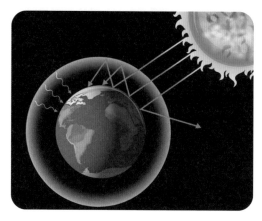

온실효과
대기 중의 수증기나
이산화탄소, 오존 따위가
지표로부터 우주 공간으로의
적외선 복사를 대부분
흡수하여 지표의 온도가
올라간다.

때 대기에 흡수됐던 에너지가 우주로 나가지 못하고 지구 내부로 복사되는 일이 생긴다. 대기가 흡수한 에너지가 재복사되면서 지표의 온도가 높아지는데 이를 '온실효과'라고 부른다. 빛은 받아들이고 열은 내보내지 않는 온실과 같은 작용을 한다는 데에서 유래한 말이다. 온실효과 자체를 문제로 볼 수는 없다. 문제는, 인류가 인위적으로 만들어낸 이산화탄소라는 기체는 열을 붙들어 매는 능력이 상당히 뛰어난데, 이 기체가 대기 중에 점점 쌓이면서 온실효과가 커진다는 데 있다. 태양에서 들어온 만큼 에너지가 나가야 하는데, 이산화탄소에 붙들려 자꾸만 쌓이고 쌓이니 지구의 온도가 높아지는 것이다.

20세기 중반만 해도 기상학자들은 지구 온도가 낮아져 빙하기에 접어드는 것은 아닌지 염려했다. 지구는 수백 년을 주기로 온도가 조금씩 오르거나 내린다고 여겨졌기 때문이다. 하지만 산업혁명 이후 인간이 만들어내는 이산화탄소 양이 급격히 많아지면서 지구의 온도

Donald J. Trump ✓
@realDonaldTrump

The concept of global warming was created by and for the Chinese in order to make U.S. manufacturing non-competitive.

RETWEETS   LIKES
104,728   67,204

7:15 PM - 6 Nov 2012

12K   105K   67K

트럼프는 2012년 11월, "지구온난화는 미국 제조업계의 경쟁력을
앗아가기 위해 중국인들이 만들어낸 개념이다."라고 자신의
트위터에 올렸다. ⓒ도널드 트럼프 트위터

가 높아지는 지구온난화는 빠르게 진행되기 시작했다. 1985년 유엔 환경계획이 "이산화탄소로 온실효과가 나타나고 있다"고 주장했고 이후 수많은 연구 결과들이 이를 뒷받침하면서 인류의 활동으로 인한 지구온난화는 기정사실화됐다. 도널드 트럼프가 미국에서 대통령에 당선된 이후, "지구온난화는 거짓"이라는 글을 자신의 트위터에 상당히 자주 남겼는데, 미국 과학자들이 '너무너무' 화가 나서 트럼프를 비판하는 공개서한을 쓰기도 했다. 공개서한에는 노벨 과학상 수상자를 포함해 스티븐 호킹을 비롯한 저명한 과학자 375명이 참여했다.

태양 빛을 되돌려보내면?

태양에서 방출된 에너지는 끊임없이 지구로 들어온다. 언젠가 태양이 늙어 사라질 때까지(50억 년 후로 예상) 지구는 태양을 피할 수 없다. 당장 대기 중 이산화탄소를 빠르게 없앨 수 없다면, 태양에너지라도 줄이면 되지 않을까? 이런 생각으로 나온 원초적인 아이디어가 우주에 거대한 거울을 설치, 태양 빛을 반사시키자는 것이다. 조금 더 현실적으로 생각하면 건물 옥상에 거울을 달거나, 지붕을 하얀색으로 칠해 태양열을 되돌려 보내는 방안도 떠올릴 수 있다. 모두 미국 하버드대학교에서 지구공학을 연구하고 있는 '키엘 지구 연구소'에서 제안한 방식이다.

하지만 현실성이 떨어진다. 인공위성에 거울을 달아 반사하는 것도 그렇거니와(가능은 하지만 비용이 너무 비싸다), 지붕에 거울을 설치하거나 하얀색 페인트를 칠하는 것은 효과가 미미할 것이 뻔하다.

현재 과학자들이 태양에너지를 반사시킬 수 있는 가장 '그럴 듯'한 방안으로 꼽고 있는 것은 대기 중에 빛을 반사시키는 입자를 살포하는 것이다. 실제 이 연구는 2018년도부터 추진돼 왔다. 미국 하버드대 연구진과 국립해양대기관리청 등이 함께 계획하고 있는데, 거대한 풍선을 상공에 띄워 지상 20km 높이 성층권에 탄산칼슘 입자를 뿌리는 게 목표다. 이렇게 가로 1km, 세로 100m에 달하는 반사 층을 만들어 지표에 도달하는 일사량을 줄이고, 지구를 식힌다는 계획이다.

실제로 이 같은 일이 현실에서 벌어졌던 적이 있다. 1991년 필리 핀 피나투보 화산이 폭발했을 때 2000만 t에 달하는 이산화황이 솟 구치면서 대기 중에 상당히 오랜 기간 머물렀다. 이 이산화황 입자들 이 햇빛의 약 2.5%를 반사시켰고 이로 인해 이듬해 지구 평균 기온은 0.5도 가량 낮아졌다.

하지만 역시 문제가 있었다. 간단한 실험일 수 있지만, 지구시스템 자체가 워낙 복잡하고 서로 연결되어 있는 만큼 부작용이 우려된다. 미국 UC버클리 대 연구진이 피나투보 화산 폭발 당시 대기를 뒤덮 은 미세입자들이 작물 생산량에 미친 영향을 분석했더니 햇빛 산란

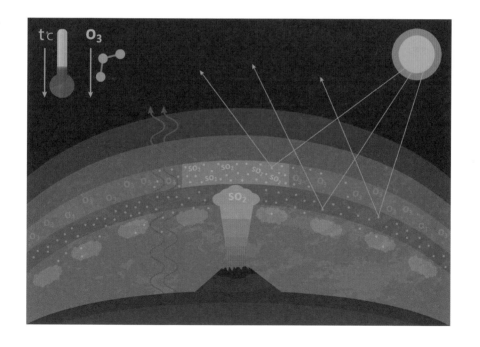

으로 생산량이 5%가량 떨어지는 것으로 나타났다. 즉 대기 중에 미세입자를 잔뜩 뿌려 태양에너지를 반사시키는 지구공학 기술은 효과도 있었지만 식량 위기를 초래할 우려가 있었다.

하버드대 연구진은 이산화황 대신 탄산칼슘을 선택했다. 이유는 역시 예상치 못한 부작용을 줄이기 위해서다. 이산화황으로 만들어지는 '황산염'은 성층권의 온도를 높여 자칫하다간 오존층을 파괴할 수 있다. 이를 줄이기 위해 실험실 환경에서 전혀 해가 없었던 탄산칼슘을 선택했는데, 잘 통제된 실험실에서의 결과일 뿐 현실에서는 어떤 일이 발생할지 알 수 없다.

결국 이 같은 우려로 인해 2021년 6월로 예정됐던 하버드대의 지구공학 실험은 취소됐다. 연구팀의 자문위원회는 "사회적 논의를 마칠 때까지 실험을 미뤄야 한다. 최대 2022년까지 미룰 수 있다"는 의견을 내놨고 연구팀은 이를 받아들였다.

강제로 비가 내리게 하면?

2019년 미세먼지로 전국이 떠들썩하던 그때, 대통령이 "인공강우 등 기술을 발전시켜 나갈 필요가 있다"고 한 발언이 회자됐다. 인간이 인위적으로 비를 내리게 해 대기 중에 가득 찬 미세먼지를 씻겨내자는 취지였다. 다만 과학자들은 당시 대통령의 발언에 대해 "답답

함을 드러낸 표현"이라는 의견이 지배적이었다. 인공강우, 즉 인위적으로 비를 내릴 수 있게 하는 방법을 인류는 알고 있었지만, 효과가 미미하다는 게 과학기술계의 중론이었기 때문이다.

인공강우 또한 넓은 의미의 지구공학 기술로 분류된다. 중학교 과학2의 '수권과 해수의 순환' 단원에서는 구름이 만들어지는 원인에 대한 설명이 나온다.

수증기를 포함하고 있는 공기 덩어리가 상승한다. 하늘로 올라갈수록 주변 기압은 낮아지는데, 이때 공기 덩어리는 팽창하게 된다. 내부에 있는 기체는 주변의 공기에 에너지를 가하게 되고, 그만큼 에너지를 잃게 되니 온도는 내려간다. 온도가 계속 낮아져 이슬점(수증기가 응결할 때의 온도)에 다다르면 물방울이 형성되고 얼음 알갱이인 '빙정'이 된다. 하늘 높은 곳에 수증기가 응결된 물방울과 빙정이 모여 있는 것이 바로 구름이다. 작은 먼지나 염분 등이 공기 중에 떠 있으면 이를 중심으로 수증기가 뭉치면서 응결이 더욱 잘 일어난다. 이 구름이 충분히 무거워지면 중력의 영향을 받아 지표로 떨어지면서 비가 된다.

인공강우는 구름이 만들어지는 원리를 그대로 재현한 기술이다. 앞서 먼지가 있으면 이를 중심으로 수증기가 뭉친다고 설명했는데 이를 '응결핵'이라고 부른다. 대기 중에 응결핵(요오드화은)을 인위적으로 뿌리면 그 중심으로 수증기나 물방울이 뭉치면서 구름이 형성되고, 구름의 크기가 커지면 결국 비가 내린다.

지난 2019년 1월, 기상청이 서해상에 비행기를 띄워
인공강우 실험을 하고 있는 모습이다. 기상 항공기 날개에서
요오드화은이 대기 중으로 분사된다. ⓒ기상청

다만, 말처럼 쉽게 비가 내리지는 않는다. 인공강우를 위해 얼마
나 많은 응결핵을, 어떤 높이에 뿌려야 하는지 알아야 한다. 무조건
대기 중에 응결핵을 뿌렸다고 해서 구름이 만들어지는 것이 아니다.
대기 온도, 습도, 바람 등 고려해야 할 것투성이다. A 지역에서 인공
강우에 성공했다고 해서, B 지역에서 같은 조건으로 응결핵을 뿌렸
을 때 비가 내린다고 장담할 수 없다. 결국 인공강우는 얼마나 많은
실험을 했는지, 얼마나 많은 데이터를 갖고 있는지 등 경험이 쌓여야
성공 확률을 높일 수 있다. 자칫 조절에 실패하면 폭우가 내려 물난

리가 나거나 어른 주먹만 한 우박이 쏟아져 내리는 경우도 있다. 효과 대비 비용이 많이 들기 때문에 아직 어느 나라도 실용화 단계에 이르진 못했으나 이런 부분에서 중국은 상당한 기술을 확보하고 있는 것으로 알려져 있다.

중국은 1958년 지린성에 가뭄이 들었을 때 최초로 비행기를 띄워 인공강우를 시도했다는 기록을 갖고 있다. 농업이 국가 경제에 차지하는 기반이 상당히 컸던 만큼 1950년대부터 인공강우 연구개발(R&D)에 많은 투자를 해온 것이다. 중국에서 인공강우를 실시하는 전체 농작물 재배면적만 500만 제곱킬로미터(㎢)에 달할 정도다.

중국은 2007년 랴오닝성에 가뭄이 왔을 때 인공강우를 시도, 8억 t에 달하는 비를 유도한 적이 있다. 중국은 이 기술을 올림픽과 같은 국가의 중요한 행사에 이용하기도 한다. 2008년 베이징 올림픽 개막을 앞두고 '소우(消雨)로켓'을 쏘아 올려 베이징으로 향하고 있는 비구름의 세력을 약화시켰다. 베이징으로 비구름이 향하기 전, 요오드화은을 구름에 살포해 베이징 외곽 지역에 비가 내리게 하는 방식이다. 이 같은 노력 덕분에 베이징 올림픽 개막식은 의도한 대로 비 없이 치러졌다. 2018년 6월 중국 네이멍구 자치구의 산맥에 대규모 산불이 발생했을 때도 인공강우 비행기를 급파, 화재가 난 지역에 비를 내리게 한 기록도 갖고 있다.

탄산수가 되어가는 바다

바다가 '탄산수'가 되어가고 있다. 농담이 아니라 진짜다. 역시 이산화탄소 때문이다. 지구 표면의 70%를 차지하는 바다는 이산화탄소를 흡수하는 거대한 스펀지 역할을 한다. 인간이 만들어낸 이산화탄소의 약 4분의 1을 흡수하는데, 탈이 날 지경에 이르렀다. 바닷물의 수소 이온 농도 지수(pH)가 높아지면서 산성화되고 있는 것이다. 고등학교 통합과학 '산과 염기' 단원에 등장하는 '산성'은 산의 공통적인 성질을 뜻한다. 산성이 나타나는 것은 '산'에 공통적으로 들어 있는 양이온 때문이다. 산은 물에 녹아 수소이온을 내놓는데, 이 수소이온에 의해서 산성이라는 성질이 나타난다.

바다로 흡수된 이산화탄소는 물과 반응해 '탄산염'과 '수소이온'을 만들어낸다. 강한 산성일수록 수소이온 농도는 높다. 일반적으로 바닷물의 pH는 약 8. 그런데 해수 내 용존 이산화탄소량이 증가하면 pH는 떨어지게 된다. 해양 산성화가 심해져 pH 값이 1~2만 떨어져도 해양 생태계는 큰 타격을 받게 된다. 미국 로렌스리버모어국립연구소가 학술지 '네이처'에 발표한 논문에 따르면, 산업혁명 이후 전 세계 해양 pH가 0.1가량 떨어졌고 이 같은 추세가 이어지면 2100년에는 pH가 0.4 이상 떨어질 수 있다는 예측이 나왔다. pH가 0.4 감소하면 산성도는 약 2배 급증하기 때문에 생태계에 미치는 영향은 상당히 크다.

문제는 여기서 끝나지 않는다. 조개나 가재 등 껍질을 가진 해양생물은 바닷물에 포함된 탄산이온을 이용해 골격을 만든다. 이산화탄소 흡수로 바다에 많아진 수소이온은 탄산이온과 반응한다. 해양생물이 사용해야 하는 탄산이온 수가 점점 줄면서 결국 해양생물의 성장이 영향을 받게 된다. 해양 산성화에 가장 많은 영향을 받는 종은 산호초로 알려져 있다. 산호초 역시 탄산이온을 활용해 성장하기 때

부족해진 철분을 바다에 뿌린 뒤, 철분 덕에 많아진 식물플랑크톤이 이산화탄소를 흡수하게 하는 바다 비옥화의 한 방법 ©http://blog.posco.com

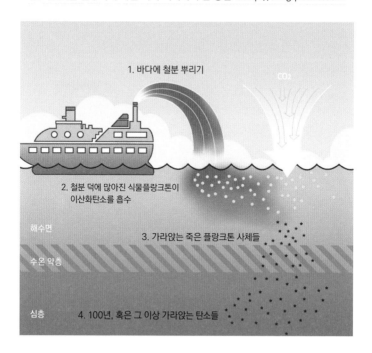

1. 바다에 철분 뿌리기

CO₂

2. 철분 덕에 많아진 식물플랑크톤이 이산화탄소를 흡수

해수면

3. 가라앉는 죽은 플랑크톤 사체들

수온 약층

심층   4. 100년, 혹은 그 이상 가라앉는 탄소들

문이다.

이를 막기 위해 역시 지구공학 기술이 등장한다. 석회암을 녹이는 방안이 대표적이다. 이 암석이 물에 녹으면 알칼리성이 증가하면서 바닷물에 녹아 있는 수소이온과 결합해 pH를 높일 수 있다. 이를 통해 해양생물의 성장을 돕고 바다가 대기 중에 넘치는 이산화탄소를 더 많이 흡수할 수 있다는 것이다. 다만, 바닷물에 녹은 석회암이 해양 산성화를 줄일 수는 있겠지만 예기치 못한 생태계 교란을 일으키지 않을지에 대한 정교한 조사가 필요하다는 시각도 많다. 바다에 철분을 뿌리거나 대형 펌프로 영양분이 풍부한 심층수를 끌어올려 식물플랑크톤의 증식을 돕는 방법도 있다. 식물플랑크톤은 식물처럼 광합성으로 이산화탄소를 유기물 형태로 저장한다.

이 가운데 철분을 뿌리는 방식은 실제 실험이 이뤄졌고 효과도 어느 정도 확인됐다. 식물성 플랑크톤은 철분이 많을수록 활동력이 증가한다. 1990년대 중반부터 미국과 유럽, 일본을 중심으로 태평양 적도 해역, 알래스카 등에서 실제 실험이 진행됐으며 플랑크톤의 양이 증가하고 바다 표면의 이산화탄소 농도가 감소하는 효과도 확인됐다. 하지만 인공강우와 마찬가지로 모든 바다에서 실험이 성공한 것은 아니었다. 또한 철분을 바다에 뿌렸을 때 독성 물질이 만들어진다는 보고도 나오면서 환경에 대한 평가가 더 많이 이뤄져야 한다는 데 공감대가 형성되고 있다.

뜨거운 감자, 지구공학

다시 영화 〈지오스톰〉 이야기다. 인류는 더치 보이 프로젝트를 통해 기후를 통제하는 데 성공했다. 하지만 예상치 못한 일이 발생했다. 아프가니스탄 사막에 있는 한 마을이 갑자기 꽁꽁 얼어붙었다. 사람들은 그 자리에서 동상이 되어 목숨을 잃었다. 홍콩에서는 갑자기 기온이 치솟으면서 땅 밑에 있던 가스관이 폭발했다. 이상기후다. 더치 보이가 오작동한 결과였다.

하나뿐인 지구

지구의 기온을 낮추려는 지구공학 역시 같은 문제에 처해 있다. 쓰레기를 줄이거나, 에너지를 절약하는 방법과 비교했을 때 변화도 빠르고 비용과 시간이 절약되는 만큼 과학기술계가 지구공학에 거는 기대는 상당히 크다. 하지만 예상치 못한 부작용에 대한 우려를 무시할 수 없다. 피해를 최소화하고 통제하기 위해 실험 범위를 줄이면 효과가 적을 수 있다. 효과를 높이기 위해 실험 범위를 대폭 늘리면, 지구의 기온은 낮출 수 있을지 모르지만 부작용이 나타날 수 있다. 진퇴양난이다. 지구의 입장에서 생각해 보면, 병 주고 약 주는 인류의 행태에 짜증이 날 것 같기도 하다.

어찌 됐건 인간의 욕심이 만든 지구온난화가 화살이 되어 인류에게 되돌아오고 있다. 인류는 이를 막기 위해 고군분투 중이다. 항상 그랬듯, 이번에도 인류는 과학을 이용해 문제를 해결할 것이다. 지불해야 하는 비용이 너무나 크지만 말이다.